通识简说·科学系列

简说古生物学

神奇化石多奥妙

顾　问／温儒敏　主　编／赵　榕

高　源　裘　锐　刘　森／著

SPM 南方出版传媒

全国优秀出版社　全国百佳图书出版单位　广东教育出版社

·广　州·

图书在版编目(CIP)数据

简说古生物学：神奇化石多奥妙 / 赵榕主编；高源，裘锐，刘森著. —广州：广东教育出版社，2019.6
（通识简说. 科学系列）
ISBN 978-7-5548-1725-4

Ⅰ. ①简…　Ⅱ. ①赵…②高…③赵…　Ⅲ. ①古生物学—青少年读物　Ⅳ. ①Q91-49

中国版本图书馆CIP数据核字（2017）第096826号

策　　划：温沁园
责任编辑：唐俊杰
责任技编：涂晓东
版式设计：陈宇丹
封面设计：陈宇丹　关淑斌
插　　图：焦　洁

简说古生物学　神奇化石多奥妙
JIANSHUO GUSHENGWUXUE
SHENQI HUASHI DUO' AOMIAO

广东教育出版社出版发行
（广州市环市东路472号12-15楼）
邮政编码：510075
网址：http://www.gjs.cn
佛山市浩文彩色印刷有限公司
（广东省佛山市南海区狮山科技工业园A区）
890毫米×1240毫米　32开本　5.25印张　105 000字
2019年6月第1版　2019年6月第1次印刷
ISBN 978-7-5548-1725-4
定价：35.00元
质量监督电话：020-87613102　邮箱：gjs-quality@nfcb.com.cn
购书咨询电话：020-87615809

总 序

互联网的出现，尤其是智能手机的使用，让现代人获取知识的方式有了翻天覆地的改变。在我当学生的时候，是真的每天在“读”书，通过大量的阅读，获取第一手的资料，不断思考探究，构建自己的知识体系。而今天呢？一个孩子获取知识，首先想到的是动动手指，问问网络。

学习的方式便捷了，确有好处，但削弱了探寻、发现和积累的过程，学得快，忘得也快。有研究表明，过于依赖互联网会造成人的思维碎片化，大脑结构也会发生微妙的变化，表现为注意力不集中、记忆力减退等。看来我们除了通过网络来学习知识，还得适当阅读纸质书，用最传统的、最“笨”的方法来学习。这也是我一直主张多读书，特别是纸质书的缘故。我们读书必然伴随思考，进而获取知识，这个过程就是在“养性和练脑”，这种经过耕耘收获成果的享受，不是立竿见影的网上获取所能取代的。另外，我也主张别那么功利地读书，而是要读一些自己真正喜欢的书，也就是闲书、杂书，让我们的视野开阔，思维活跃。读书多了，脑子活了，眼界开了，更有助于考试取得好成绩。

有的小读者可能会说，我喜欢读书，但是学校作业很多啊，爸爸妈妈还给我报了很多课外班，我没有那么多时间读“闲书”呀！这个时候，找个“向导”，帮你对阅读书目做一些精选就非常必要了。比如你喜欢天文学，又不知道如何入门，应当先找些什么书来看？又比如你头脑中产生了一个问题——为什么唐代的诗人比别的朝代要多很多呢？这时候你需要先了解唐诗的概况，才能进一步探究下去。在日常的生活和学习过程中，诸如此类的小课题很多，如果有一种书，简单一点、好懂一点，能作为我们在知识海洋里遨游的向导，那就太好了。广东教育出版社出版的“通识简说”，就是一位好“向导”。

这套“通识简说”，特点就是简明扼要、生动有趣，一本薄薄的书就能打开一个学科殿堂的大门。这是一套介绍“通识”的书，也是可以顺藤摸瓜、引发不同领域探究兴趣的书。这套丛书覆盖文学、历史、社会和自然科学的方方面面，第一期先出十种，分为国学和科学两个系列。《回到远古和神仙们聊天——简说中国神话传说》《古人的作文有多精彩——简说古文名篇》《简说动物学——动物明星的生存奥秘》《简说天文学——“外星人”为何保持沉默？》……看到这些书名你就想读了吧？选择其中一本书，说不定就能引起你对这门学科的兴趣，起码也会帮你多接触某一领域的知识，很值得尝试哟。每本书有十多万字，读得快的话，几天就能读完，读起来一点都不累。图书配的漫画插图风趣幽默，又贴合主题，也很有味道。

希望“通识简说”接下来能再出10本、20本、50本，让更多的孩子都来读这套简明、新颖又有趣的书。

（作者系北京大学中文系教授，统编语文教材总主编）

专家推荐

古生物学不仅研究生命起源和演化的奥秘，还能为人类生存的地球环境演变和寻找自然资源提供科学证据。如果你想了解古生物学，这本集科学性和趣味性于一体的书是个不错的选择。

——中国科学院古脊椎动物与古人类研究所研究员　汪筱林

以恐龙为代表的古代生物让许多青少年朋友着迷，但是古生物学中生涩的专业词汇和浩瀚的时空尺度却常常阻碍青少年朋友对其深入了解。这本书用通俗的语言、深入浅出的写作手法向青少年朋友提供了一个了解古生物学真谛的机会。

——北京自然博物馆研究员　李建军

地球生命由几十亿年前到今天，其中经历过无数次超出我们想象的极限挑战，也出现过无数种超出我们想象的生物体，研究这一气势磅礴的历史必定是既充满艰辛，又充满魅力。这本小书，会让你在轻松愉快的气氛中，了解生命演化的大学问。

——沈阳师范大学古生物学院教授　胡东宇

开 篇 的 话

小读者，你好！很高兴你能打开这本书，我猜你一定对化石或古生物感兴趣。我和你一样从小就是个“化石控”，对生命演化的故事特别痴迷！后来从读书到工作，我的兴趣一直没变。我是幸运的，因为我现在每天工作的地方，就是我儿时梦想起航的地方——北京自然博物馆。

我感到非常幸福，因为每天都能看到各种各样的化石，还不停地给来自五湖四海的观众朋友讲述远古生命的故事。每场讲解下来，很多小观众都意犹未尽。他们要不就是追着我提出一连串的问题，要不就是询问有没有简单一点的专业的书籍补充阅读。说实话，现在市场上的科普书水平参差不齐，我平时也不敢随意推荐。但要是推荐童金南和殷鸿福前辈编写的《古生物学》又着实太专业了，于是我萌生了写一本简单的有关古生物学的科普读物的想法。

要想做成这件事可不容易，古生物学历史悠久，内容包罗万象，更何况近年来古生物学的发展日新月异，我们的讲解词每天都在修改和完善。凭自己的力量很难完成，我于是邀请了中国科学院古脊椎动物与古人类研究所的在读博士裘锐和辽宁古生物博物馆的刘森老师，和我一起来完成这件事，他们欣然接受了我的邀请。裘锐和刘森都是我的挚友，他们和我一样也从小就喜欢古生物。我非常敬佩他们一路的执着，经常和他们一起探讨古生物学的前沿动态并分享资料。他们一个在科研一线，一个在展览一线，而我在科普一线。我们这样的组合，会尽全力严谨又尽可能生动地为小读者们讲好古生物王国的有趣故事。

这本书以生命演化进程中的典型类群为主线，讲述的都是你最为关心的惊心动魄的史前故事。配合古生物学的发展历史、学科大师和最新的发现成果，绝对让你大呼过瘾，让你对地球46亿年的演化历史有新的认识。书里的内容可能过不了几年就会过时或出错，到时等你来修正、完善和补充。我相信只要你对古生物的兴趣不变，不断地努力积累，将来一定会加入古生物学的研究中。让我们一起去体验古生物学的严谨与浪漫吧！

最后特别感谢中国科学院古脊椎与古人类研究所汪筱林研究员、北京自然博物馆李建军研究员和沈阳师范大学古生物学院胡东宇教授推荐本书；感谢北京自然博物馆志愿者董晓毅老师在编写此书时提供的帮助；感谢我的妻子董文灿、女儿高芸熙在我创作时给予的支持；感谢广东教育出版社的各位编辑为本书付出的大量心血。

高　源

二〇一九年一月

于北京自然博物馆

目录

第一章

古生物学的前世今生

——中外历史趣事

什么是古生物学？用专业的解释说，它是研究地质历史时期的生物界及其发展的科学；用通俗的话说，就是研究保存在岩层中的各种各样的古生物化石，研究这些化石的形态、特征以及分布等。因此，古生物学的主要工作就是研究过去生物死亡后保存下来的化石。说起化石，去过博物馆的读者可能见过恐龙、猛犸象以及其他生物的化石，那么大家知道化石是怎样形成的吗？生物死亡后都能变成化石并被我们发现吗？

化石是如何形成的？一个生物体如果被泥沙、火山灰等沉积物掩埋，在肉体等柔软的部分腐烂消失之后，剩下骨骼、壳体等坚硬的结构。这些结构与周围的岩石发生一系列物理化学反应之后，就变得像石头一样，我们就称之为“化石”了。生物埋藏在岩层之中后，由于造山运动等地壳变动，含有化石的地层可能会露出地表，于是我们就有可能发现化石了。

从上面的描述我们可以发现，化石的形成条件其实是相当苛刻的，生物在完全腐烂消失之前必须要被泥沙、火山灰等完全覆盖。而当生物被埋藏之后，要有足够的时间才能形成化石；即便成功形成了化石之后，如果含有化石的岩层被岩浆侵蚀，化石也会消失；如果所含化石地层被深埋在地下，那么即使有化石我们也难以发现。因此，一个生物体形成化石并被我们发现的概率是极低的，才有“每一块化石都是具有重要科研意义的无价之宝”的说法。

除了骨骼和壳体可以形成化石之外，生物产下的蛋、排出的粪便以及留下的足迹在一定条件下都可以形成化石，它们被称为遗迹化石；当化石形成以后，因为某种原因又被破坏消失，原来化石存在的位置就会形成一个与化石形状相对应的印模，这种印模被称为印模化石。

在某些特殊的条件下，生物的软体结构也一样可以形成化石保存下来。如在极度干燥的情况下，恐龙的尸体会迅速脱水，形成类似木乃伊的干尸，如果尸体被及时掩埋，那么干燥的皮肤就有可能保存下来形成化石。

化石是生物生命在地球历史中的定格，通过研究古生物化石，我们可以了解地球沧海桑田的变化，了解生命生生不息的演化。时间机器只存在于科幻小说中，目前还没有任何人有能力回到过去，看看人类出现以前的地球的样子。但因为有古生物化石的存在，我们可以重现地球过去的面貌。

相比于物理、化学、天文等学科，古生物学正式成为科学学科的时间较晚，但研究古生物化石的历史其实非常悠久。古代有很多人注意到在地球的岩层中保存有远古生物遗迹的现象。古希腊哲学家色诺芬尼（约前570—前480）在希腊的山上发现了一些贝壳化石，后来他在意大利西西里岛的采石场、马耳他岛先后发现了鱼类等海洋动物的化石。这位生活在古希腊却不承认存在诸神的哲学家，创造性地提出了这些发现化石的山地过去是沉在海底的，而且推断海水淹没山峰的现象在地球发展历程中曾经多次发生。正是因为色诺芬尼这些开创性的猜想，他被公认为世界古生物研究的“第一人”。

我国古代的科学技术在很长时间内领先于世界水平，有闻名于世的“四大发明”、观测天象的浑天仪等，地球岩层中奇特的古生物化石自然也进入了古人的视野。

北魏时期的著名地理学家郦道元（约470—527），在其著作《水经注》中描述了湖南的一座山上有很多的石头，形状如燕，在雷雨交加时这些石燕甚至可以飞起成群！这些类似燕子的石头其实是一种海生无脊椎动物的化石，属于腕足动物的石燕贝类，具背腹两壳，形状如燕子。为什么这些早已成为化石的石燕贝可以在雷雨交加时飞起来呢？现在来看可能是因为这些化石早已暴露，风雨会促使化石周围岩石的崩塌从而使化石掉落，古人对这一地质现象缺乏准确的认识，才误认为化石会“飞”。北宋时期的政治家、科学家沈括（1031—1095）在其著作《梦溪笔谈》中提到在太行山上发现了鹅卵石沉积以及贝壳、海螺化石，并准确地推断出这些沉积岩石和化石意味着太行山地区过去曾经是滨海环境。我国古人不仅对化石有所研究，还把化石当作中药材使用，比如龙骨，但这里所谓的龙骨其实并不是恐龙的骨头，而是新生代哺乳动物的骨头，如牛骨、龟甲等。《本草纲目》里对龙骨也有记载，直到近代，还有很多地区把龙骨当作药材使用，其实我国近代发现的很多古哺乳动物化石是古生物学家从中药铺买来的。

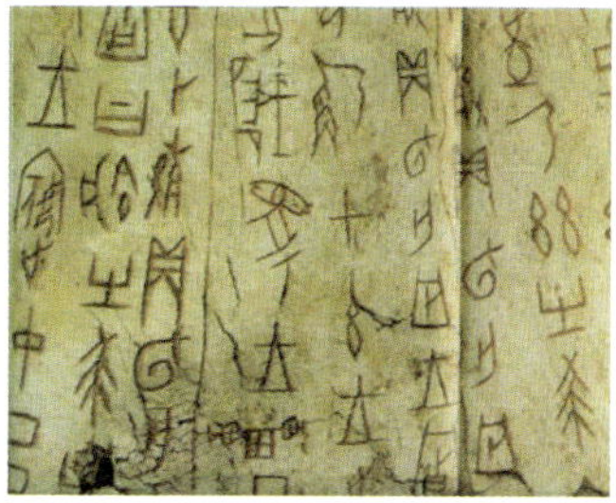

甲骨文

古代的化石研究一般都是个人的偶然发现和一些推测，并没有把古生物学当成一门完整的科学体系。在18世纪与19世纪相交之际，英国地质学家威廉·史密斯（1769—1839）是第一位注意到不同时期形成的地层中具有不同的化石物种的人。据此，史密斯提出可以利用古生物化石做地层形成顺序的鉴定，古生物学从此被正式纳入科学体系，成为地质学的重要组成部分。但那时古生物化石还只是被单纯地当作地层鉴定的一个标志，其包含的生物学信息还没有得到足够的重视。法国动物学家乔治·居维叶（1769—1832）第一次用研究现代脊椎动物比较解剖学的理论去研究古脊椎动物，开创了古脊椎动物学。法国生物学家让·巴蒂斯特·拉马克（1744—1829）是第一个将无脊椎动物化石做系统生物分类的科学家，并建立了古无脊椎动物学。捷克古生物学家卡斯帕尔·史腾贝尔格

（1761—1838）和法国古生物学家阿道夫·西奥多·布隆尼雅尔（1801—1876）最早出版古植物学专著，开创古植物学，古生物学的科学体系基本形成。

相比于外国，我国古生物研究开展得较晚。在我国最早接触古生物学的是我国地质学奠基人之一——丁文江（1887—1936）。丁文江早年留学日本和英国，1911年在格拉斯哥大学获地质学和生物学双学士学位，他回国后在北京筹办地质研究班，并亲自教授古生物学，他也是在中国正式讲授古生物学的第一人。除了培养古生物学人才之外，丁文江在中国多地进行地质调查，采集并研究了很多古生物化石，并担任《中国古生物志》主编直至去世。除丁文江之外，另一位在早期对中国古生物学做出过重大贡献的科学家是李四光（1889—1971）。李四光早年同样留学英国，1919年获伯明翰大学地质学硕士学位后回国在北京大学任教。李四光对很多无脊椎动物化石都颇有研究，他于1923年发表的关于䗴类分类鉴定的研究论文，是我国历史上第一篇正规的古生物学论文。

在丁文江、李四光等老前辈的引领和培养下，中国涌现出很多优秀的古生物学家，这其中以先后留学德国获博士学位的古脊椎动物学的奠基人杨锺健和古植物学的奠基人斯行健成就较大。随着1949年中华人民共和国成立，我国的科学研究迎来了新的春天，古生物学也借着这股春风迎来了新的时代，在多个领域取得了许多伟大的科研成果。

20世纪后期以来，许多崭新的技术使得古生物研究绽放了新的活力。通过对化石里羽毛印痕的色素痕迹观察，我们可以真实地复原恐龙颜色而不用再猜测它们的颜色；通过对化石进行CT扫描，我们能发现许多之前无法观察到的细节，甚至能发现动物生前受过怎样的伤；通过对细微元素含量的分析，我们能更直观地了解不同的植食性动物到底是吃树叶还是吃草；我们甚至可以从一些十几万年内的古生物化石中提取到残存的DNA，从分子尺度对古生物进行分类和演化研究。

如今我国古生物学科研处于快速发展期，很多优秀的古生物学者涌现出来，取得了很多伟大的古生物学发现，使我国的古生物学研究在很多方面已经达到了世界先进的水平。

第二章

耍龙骨的大家

——中外著名的古生物学家

乔治·居维叶（1769—1832）

居维叶是法国动物学家，古脊椎动物学的奠基人。他自幼对自然科学有浓厚的兴趣，而且天资聪慧，19岁即大学毕业，后进入巴黎自然历史博物馆工作。

居维叶对动物的身体有非常细致的研究，他提出任何一种动物的所有身体结构都是为了适应环境而存在，因此只要根据一块骨头就能够判断出该动物的其他骨骼器官的大致形状，他将这个理论命名为“器官相关定律”。对于居维叶提出的这个理论，还有这样一个故事：一百多年前的一个夜晚，法国动物学家居维叶的房间里突然闯进一只毛茸茸的怪物，它嘶叫着。居维叶睁开蒙胧的睡眼一看，只见这头硕大的怪兽头上长角，有粗大的牙齿、铜铃似的眼睛、橙色皮毛和铁锤般的巨蹄。居维叶看了一眼怪物，满不在乎地说：“只是个食草动物，没啥好怕的。”便继续睡觉了。原来这怪兽是他的学生装扮的，想吓唬一下居维叶。居维叶说：“头上长着角，脚上长着蹄子，肯定是食草动物，所以我一点也不害怕。”

居维叶是最早用现代生物学的研究方法研究古生物的人之一，他在其著作《四足动物骨化石的研究》中不仅详细描述了包括乳齿象在内的许多古哺乳动物化石，而且将它们与现生动物进行详细对比，推测其活着的时候肌肉附着情况并对古生物的形象进行了复原。他还首次提出地球发展史上曾经存在生物大灭绝，认为生物曾经因为某种特殊的原因而大量灭绝，并认为大灭绝是由于海平面突然上涨，大量陆地被淹没。

虽然居维叶的很多思想受到当时时代的影响，未能超越《圣经》中上帝创世的宗教束缚，但这些理论依然具有很大的积极意义，并且居维叶的理论对达尔文提出生物演化论有很多启发。

理查德·欧文（1804—1892）

欧文是英国动物学家、古生物学家，当时被誉为居维叶的接班人。欧文在古生物研究特别是脊椎动物研究方面做了许多工作，是最早细致研究动物牙齿与动物食性习惯关系的人。他在古生物学研究中最广为人知的工作就是在1842年，根据当时已经发现的禽龙、巨齿龙等资料，提出这些具有相似骨骼结构的爬行动物可以归为一类，并把这个类群命名为“恐龙”。1854年，欧文主持了在英国水晶宫举办的古生物复原特展，展示了当时发现的一些恐龙及同时代的翼龙的复原模型，这是古生物学第一次真正走向公众。

欧文是第一个决定将自然博物馆向公众开放的人。但是受到时代的束缚，欧文拒绝承认同时期达尔文提出的演化思想并与达尔文发生多次争论。

爱德华·德克林·科普（1840—1897）和奥塞内尔·查尔斯·马什（1831—1899）

二人均为19世纪美国最有影响力的古生物学家，一共命名了130种以上的恐龙，使美国的古生物研究迅速达到当时世界的领先水平。但二人关系极差，互相视对方为死对头，为了证明自己是更为优秀的古生物学家，他们在美国掀起了一场“化石战争”。

关于二人的关系，有这样一段叙述。科普发现了当时最大的蛇颈龙类——薄板龙，薄板龙全长达13米，兴奋至极的科普马上把化石组装起来，然后把马什叫来欣赏自己的发现。但不幸的是，过于兴奋的科普犯了个极为低级的错误，误把薄板龙的颈椎当作尾椎、尾椎当作颈椎，然后把头骨错误地安在了尾椎上。马什抓住这个错误在报纸上对科普大做文章，双方关系从此势同水火。

正是由于二者在科研上互不服气，相互较劲，美国的古生物物种记录在不断增加。我们现在熟知的恐龙类中的雷龙、圆顶龙、异特龙、角鼻龙、腔骨龙、剑龙、弯龙，以及鸟类的黄昏鸟、鱼鸟都是由他们发现的。

亨利·奥斯本（1857—1935）

美国古生物学家，先后师从美国古生物学家爱德华·科普和英国动物学家托马斯·赫胥黎，学习古脊椎动物。1891年，奥斯本出任美国自然历史博物馆新成立的古脊椎动物研究室主任，他在任上组建了一支在古生物学史上闻名的化石考察队，先后在美国、蒙古展开过多次化石考察，为美国自然历史博物馆增加了相当多的馆藏化石。他先后研究并命名了多种恐龙，包括著名的暴龙、伶盗龙、窃蛋龙、嗜鸟龙等。

杨锺健（1897—1979）

我国古生物研究起步较晚，但起步后奋起直追，在地质学奠基人丁文江、李四光的引领下，民国时期，中国涌现出包括杨锺健在内的许多优秀的古生物学家。杨锺健是我国古脊椎动物学的奠基人，最早研究古哺乳动物，对周口店发现的许多哺乳动物化石都进行了鉴定和研究。在杨锺健以及许多同行的不懈努力下，中国对周口

周口店遗址

店遗址的研究取得了许多高水平科研成果，这在当时贫穷落后的社会环境下可谓一大奇迹！但不幸的是，后来的抗日战争中断了周口店遗址以及华北地区的古生物研究。杨锺健被迫和其他政府人员一起转移到西南地区，但也因此发现了云南、四川地区的许多恐龙化石。

1937年，杨锺健在云南禄丰地区发现并命名了许氏禄丰龙，这是一种体长6米左右的原蜥脚类恐龙，值得一提的是许氏禄丰龙是第一具由中国人自己采集、研究、命名的恐龙，因此它也被誉为“中国第一龙”。从这时开始，杨锺健的研究方向从古哺乳动物开始偏向恐龙。在禄丰龙之后，杨锺健在禄丰又陆续发现多种恐龙，他将在该地区发现的所有恐龙集结为一本专著《禄丰蜥龙动物群》。1949年中华人民共和国成立后，北京的新生代研究室改为中国科学院古脊椎动物与古人类研究所，杨锺健任所长，1962年起又兼任北京自然博物馆馆长。中华人民共和国成立后，杨锺健在新疆、山东、山西、四川、贵州等地先后发现了大量的爬行动物化石，包括恐龙类的棘鼻青岛龙、合川马门溪龙，原始主龙类的山西鳄，翼龙类的魏氏准噶尔翼龙，鱼龙类的龟山巢湖龙，鳍龙类的胡氏贵州龙等。

由于杨锺健对古生物研究做出伟大的贡献，大英博物馆悬挂的世界上最伟大的六位古生物学家的照片，杨锺健位列其中。

与杨锺健同时代的还有许多优秀的古生物学家，包括古脊椎动物学家周明镇（1918—1996）、叶祥奎（1926—2012）、甄朔南（1925—2012），古人类学家裴文中（1904—1982）、贾兰坡（1908—2001），古无脊椎动物学家赵金科（1906—1987）、穆恩之（1917—1987）、卢衍豪（1913—2000）、金玉玕（1937—2006）、顾知微（1918—2011），古植物学家斯行健（1901—1964）、李星学（1917—2010）等。

随着1978年改革开放，我国科学研究进入了全新的发展阶段，我国古生物研究借此机会更上一层楼，一批中青年古生物学家成为古生物研究的中流砥柱。在古脊椎动物学方面，舒德干等改变了我们对脊椎动物起源时间和形态的认识；张弥曼和朱敏对探究早期鱼类的起源与演化做出了极大贡献，特别是上下颌的起源；王原、高克勤等的研究丰富了我国的两栖类化石研究；徐星、吕君昌、尤海鲁等大大推进了我国恐龙的研究，特别是在恐龙演化为鸟类方面的研究，已经达到了世界先进水平；汪筱林等从新物种、繁殖方式等方面丰富了我国翼龙的研究；周忠和、张福成、胡东宇等丰富了我们对鸟类起源和早期演化的认识；王元青、毕顺东、孟庆金等对早期哺乳动物的演化做了很多的研究；邱占祥、邓涛、董为等的研究大大丰富了我们对我国发现的新生代哺乳动物的认识。

古无脊椎动物和古植物的研究也有很多出彩之处：王博、任东、黄迪颖等对古昆虫特别是琥珀昆虫的研究取得了许多世界级的成果；赵元龙、袁金良深入研究了贵州寒武纪凯里生物群；殷鸿福、沈树忠等对二叠纪和三叠纪界线以及二叠纪末全球生物大灭绝的研究非常精细；周志炎、孙革、王永栋等对被子植物早期起源以及远古植物的演化的研究也取得了一系列成果。

我国拥有一支敬业而高水平的古生物学研究队伍，取得了领先的科研成果。这本书的读者，如果你对古生物兴趣浓厚，从现在开始学习，期待你加入这个优秀的团队！

第三章

生活离不开化石

——化石的功能与古仿生学

古生物学的主要工作是研究灭绝动物的化石。很多人有这样的疑问：研究这些已经灭绝了的生物到底有什么意义？不要着急，当你阅读过本章后你就了解了。

蜓类化石

前面说过，英国的地质学家史密斯最早提出，可以用古生物化石来判定不同地层形成的先后顺序。在后来的研究中，化石的这一功能被不断扩大化。我们一般把一些生存时间短、分布范围广、特征明显、生物数量庞大的古生物形成的化石称为标准化石。当地层中出现标准化石时，我们就能比较精确地确定这一段岩石地层大约是在什么时候形成的。比如当我们在地层中发现一种叫作蜓的化石时，我们就可以确定这段地层以及里面的所有古生物都是生存于石炭纪或二叠纪的；如果我们发现了菊石化石，且菊石化石具有非常复杂的缝合线时，我们就可以确定这是侏罗纪或白垩纪时的地层。许多矿产的形成与古生物密切相关，如果我们能够确定这段地层是什么年代的，那么我们就能大致了解这个时期的生物面貌，也就能推断出这里是否可能有矿产，可能有什么矿产。石炭纪和二叠纪的地层中含有大量的煤，如果我们在野外的地层中发现了蜓的化石的话，这段地层就需要留意了，这里很可能就有煤。

除了判定地层年代的作用之外，很多古生物本身就有助于矿产的形成，比如石油就是由生物的遗体通过特殊的物理化学变化形成的。要想形成大型油田，需要该地区过去有非常多的生物群聚，那么怎样的生态系统符合这种条件呢？珊瑚礁就是一个非常理想的生态系统，不仅生物数量多，而且珊瑚骨骼具有孔隙，是储存石油的理想环境，在美国的德克萨斯州和新墨西哥州都发现过因珊瑚礁而形成的大型油田。

古生物化石还可以被用于验证大陆漂移。今天地球上的七大洲四大洋，从地球形成时，它们是就在现在的位置吗？曾经相当长的时间里我们都是这么认为的。直到1910年，德国地球物理学家阿尔弗雷德·魏格纳（1880—1930）发现，南美洲东海岸和非洲西海岸几乎可以完美地组合在一起，他据此提出过去非洲和南美洲，乃至地球所有板块可能都有一段时间是连在一起的，只是后来板块分裂了。但是他的设想缺少更多的证据，并没有被学术界所认可。后来，古生物化石的发现为魏格纳的理论提供了有力的支持。在非洲和南美洲的二叠纪地层，我们都发现了一种被称为中龙的爬行动物化石，这是一种水生动物，但游泳能力较差，肯定没有跨越大洋的能力。那中龙为什么能在今天相距数千公里的两个大洲分布呢？唯一合理的解释就是这两块大陆过去是连在一起的。除了中龙之外，水龙兽、舌羊齿（植物）等化石都无声地证明着地球的各大陆板块不是永恒不变的，而是不断地在漂移中连接和分裂。

地球形成至今已经有46亿年的历史，生命的历史有多长？地球上曾经演化出多少生物？我们人类这样的生物是怎样一步一步演化出来的？想要解决这些问题，只有通过研究古生物化石。如今我们已经知道最早的生命记录可追溯至38亿年前，多细胞生物最早可能出现在21亿年前，在5.4亿年前生命发生了大爆发，许多动物快速地演化。我们也知道鱼类是怎样一步一步登上陆地，知道鸟类是怎样一步一步获得了飞行能力，知道哺乳动物是怎样一步一步形成了胎生哺乳的独特繁殖方式，知道人类是怎样一步一步完成从猿到人的。正是有了对古生物化石的研究，我们才对自己生存的地球有了更清晰的认识。

有一门学科叫作仿生学，就是根据生物体的结构与功能的原理，发明出新的设备、工具和技术。一个典型的例子就是根据蝙蝠回声定位原理发明的雷达。过去我们一直很疑惑，蝙蝠为什么可以在黑暗的环境中躲避障碍物并且捕捉猎物。原来蝙蝠拥有一种回声定位的本领，它用嘴发出一种人耳听不到的超声波，当超声波遇到障碍物时就会反弹被耳朵接收，这样蝙蝠就能够判断障碍物的大小和位置，也就是说它是用嘴巴和耳朵来“看”的。雷达正是基于这种回声定位的原理发明。

仿生学不仅模仿现代生物，那些看上去只剩一堆骨头的古生物其实也可以用作仿生学的研究。其中一个典型的例子是鹦鹉螺，鹦鹉螺曾经是古生代时期海洋的绝对霸主，出现过很多体形庞大的类群，后来随着鱼类的兴起逐渐走向了衰落，仅有两个物种在今天鱼类占领的茫茫大海中生存。鹦鹉螺的壳很奇特，当你从中间把它一分为二时，你会发现它的壳是被骨壁分割为一个又一个中空的室，室与室之间只有一根很细的体管连接。

鹦鹉螺演化出这种结构的意义是什么？进一步的研究发现这些室的功能是帮助鹦鹉螺在游泳时控制身体沉浮，当鹦鹉螺想要下沉时，它就会控制让更多的室充水，增加身体重量；当它想要上浮时，它就可以放出一些水，减轻身体重量。基于鹦鹉螺这种把身体分成几部分，通过控制水的含量来下沉上浮的结构和功能，人类发明了潜水艇。为了纪念鹦鹉螺对发明的贡献，第一艘核动力潜艇就被命名为“鹦鹉螺号”。

有一种恐龙叫作鸭嘴龙，它的牙齿和别的动物都不一样。包括我们人类在内的大多数脊椎动物，一个牙槽内一般都只有一颗牙，而鸭嘴龙的牙槽内能长着3颗以上的牙齿，最多达7颗，牙齿在牙槽中纵向排成一排。为什么鸭嘴龙的牙齿会有这样奇特的着生方式？原来鸭嘴龙是一种以植物为食的恐龙。我们吃东西时会注意到，蔬菜通常要比肉难嚼得多，而鸭嘴龙的牙齿和我们人类的相比又缺少一层耐磨损的白垩质，因此牙齿很容易被磨损掉。被磨损掉的牙齿如果不能及时替换是非常影响吃东西的，鸭嘴龙的解决方法就是这种特殊的牙齿着生方式，几颗牙齿在牙槽中纵向排列，当第一颗牙齿被磨掉之后，后面的牙齿就立刻补上，这样可以不影响咀嚼食物。

鸭嘴龙这种替换牙齿的生理功能在设计钻头时起了很大的参考作用，有一种恐龙钻头即是据此设计的。钻头的齿装了两层，两层中间由软材料相隔，当外层的齿磨坏脱落之后，中间的软材料暴露并被磨掉，内部的齿就可以发挥作用了。相比其他钻头，恐龙钻头免去了齿磨坏后需要换钻头的麻烦，钻进的效率是其他钻头的两倍。

第四章

记不住的地质年代

——地球的生命历史

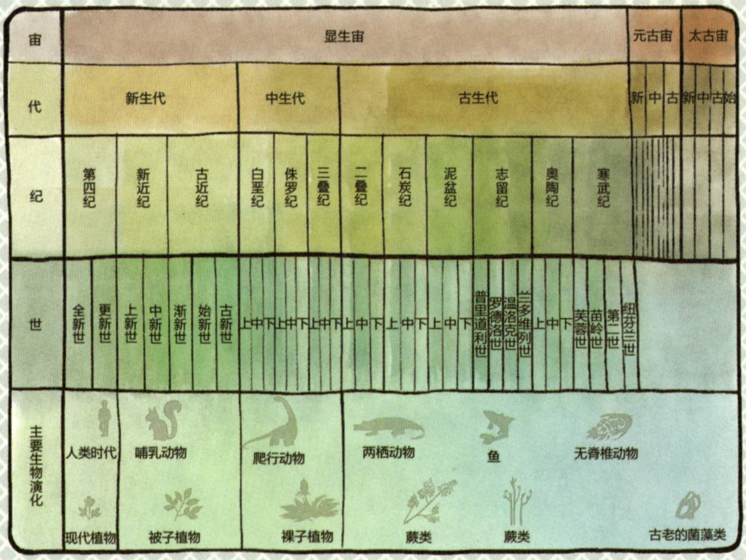

我们在参观博物馆时，经常会看到古生物化石的展牌上标明该化石的年代为寒武纪、奥陶纪、白垩纪……此时，你可能会好奇这些“某某纪”到底是多少亿年以前，我们是怎么确定化石是属于这段年代的？

沉积岩

要回答这些问题我们首先要了解一些关于岩石的知识。由于地球表面有流动水的存在，水动力较强区域的水会裹挟泥沙一起运动，直到水动力较弱的区域，泥沙会逐渐沉到水底累积起来，随着泥沙堆积越来越厚，底部泥沙承受的重量也就越来越大。大家知道，当我们和面时，把面团摁得越小，面团越硬。底部的泥沙在巨大的重力压迫下，也像面团一样被压成了坚硬的石头，这种由泥沙在水中“一沉一积”形成的岩石称为沉积岩。我们今天所能挖掘出的古生物化石，基本都是在沉积岩中发现的。

那么我们怎么确定这些沉积岩中的化石是属于多少年以前的呢？地球上有很多火山，我们有时会听到某某地区火山爆发的消息，伴随着火山爆发会有大量岩浆喷出，这些岩浆冷却后形成的岩石称为火成岩。火成岩中经常会含有一些放射性的元素，通过测定火成岩中放射性元素的衰变程度我们就可以推算出该岩石的形成年代。虽然我们无法对沉积岩进行同样的测年工作，但由于地球历史上火山活动频繁，我们经常会在沉积岩层的上下部发现火成岩，通过对其上下部火成岩的测年我们就可以大致了解沉积岩中发现的古生物化石的年代了。

随着越来越多的古生物化石的发现，古生物学家和地质学家注意到沉积岩中化石的分布是有规律的：在发现大量低等生物化石的早期岩石中绝不会有高等生物化石出现，随着时间向现在推移，发现的化石越来越接近于现代生物面貌。这与生物演化由低级到高级，由简单到复杂的规律是一致的。同时我们发现，地球生命的演化历史不是渐进的，而是具有阶段性的：在较短时间内生物演化会突然加速，然后地球生物面貌将保持一段时间的稳定。这样，我们就可以根据生物演化的不同阶段，将地球历史划分为不同的地质年代，把在不同地质年代里形成的岩层称为地层。

太古宙：40亿年前—25亿年前

太古宙是从地球刚形成没有生命到只有原始生命存在的这一段时间。目前我们已知地球生命可能在38亿年前出现。最早的生命形式可能只是简单的核糖核酸（RNA），一种基本的遗传物质，现在很多病毒的遗传物质就是以核糖核酸的形态存在。原始生命可能是在闪电作用下由甲烷、氨气、氮气、二氧化碳等无机物化合而形成的，后来，简单的细胞生命出现了，但都只是没有细胞核的原核生物。

大约从35亿年前开始，出现了一种具有重要意义的原核生物——蓝藻，它们像现代植物一样具有叶绿素，可以进行光合作用，但并不是植物，它们是最早进行光合作用的生物。在地球的早期阶段，大气中氧气含量比现在低得多，二氧化碳的含量则非常高，而二氧化碳是主要的温室气体之一，这导致当时地球表面温度比现在高很多。光合作用的出现促使地球大气中氧气含量上升，二氧化碳含量下降，地球表面逐渐形成温度和含氧量均适合生物生存的状态。蓝藻在进行光合作用的同时，还会把吸收的二氧化碳转化为碳酸岩沉积下来，这种由蓝藻形成的岩石称为叠层石。

元古宙：25亿年前—5.41亿年前

元古宙是从原始单细胞真核生物出现开始，到复杂多细胞真核生物出现为止。这段时间为蓝藻最鼎盛时期，我们可以在元古宙地层中发现大量的叠层石，繁盛的蓝藻为生命建造了一个极为适宜生存的地球。地球的环境适宜了，生物的演化也变得迅速起来，最显著的表现就是具有细胞核的真核生物出现以及生物由单细胞到多细胞的演化。我国河北迁西县的化石显示：大约在15.6亿年前，地球就已经存在了多细胞真核生物。现在我们能用肉眼观察到的所有生物包括我们人类都是多细胞生物，不过我们人类有比单细胞生物强得多的适应能力。大约6亿年前多细胞生物化石已在全球多处发现，但那时的多细胞生物都是软躯体的，并没有坚硬的外壳或骨骼。

显生宙：5.41亿年前至今

显生宙是以多细胞生物大规模辐射为标志，那时生物第一次走出海洋，演化出在陆地上生存的类群，甚至在天空中生存的类群，多细胞生物的分类多样性和生物数量在显生宙早期迅速增加。显生宙时生物扩散到地球几乎每一个角落，形成了真正的生物圈。显生宙时期生命演化迅速，生物群面貌更新较快，又可以再细分出3个代和12个纪。

1. 古生代：5.41亿年前—2.52亿年前

包括寒武纪（5.41亿年前—4.85亿年前）、奥陶纪（4.85亿年前—4.44亿年前）、志留纪（4.44亿年前—4.19亿年前）、泥盆纪（4.19亿年前—3.59亿年前）、石炭纪（3.59亿年前—2.99亿年前）、二叠纪（2.99亿年前—2.52

亿年前）。

古生代早期（寒武纪至志留纪）以海洋无脊椎动物的大规模繁盛为标志。我们在博物馆里看到的三叶虫、角石等化石很多都是生存于古生代早期。最早的脊椎动物昆明鱼、海口鱼于寒武纪早期出现，它们就像今天的七鳃鳗一样是没有上下颌的。在志留纪时脊椎动物出现了上下颌，这个有力的武器使鱼类迅速占据了当时海洋生物链的顶端。在泥盆纪，鱼类的种类非常多，其中就有长达11米、咬合力达数吨的邓氏鱼，因此泥盆纪也被称作“鱼类时代”。

到志留纪晚期，生物开始尝试离开海洋到陆地生存。登陆的先驱是植物，志留纪晚期最早登陆的植物被称为原蕨植物，它只有茎，没有根和叶。到石炭纪，植物森林已经遍布整个世界。

紧跟植物之后，动物也开始向陆地转移。在泥盆纪晚期，最早的两栖动物鱼石螈出现了，在它身上鱼类用于游泳的胸鳍和腹鳍演化成了手和脚，头部却还有鱼类鳃盖骨的残余。到了石炭纪，具有鳞片、产硬壳蛋、高度适应陆地生活的爬行动物也出现了。

在二叠纪末期，可能由于温室效应、海水毒化和缺氧，地球发生了有史以来规模最大的一次生物灭绝，97%的生物在这次灭绝中消失。爬行动物在这次大灭绝之后迅速崛起，地球进入下一个发展阶段。

2. 中生代：2.52亿年前—6600万年前

包括三叠纪（2.52亿年前—2.01亿年前）、侏罗纪（2.01亿年前—1.45亿年前）、白垩纪（1.45亿年前—6600万年前）。

中生代被称作“爬行动物时代”，在这段时期以恐龙为代表的爬行动物称霸全球。恐龙最早出现于三叠纪中期，在侏罗纪和白垩纪达到鼎盛，体形最大的双腔龙体长超过60米，体重超过100吨。在恐龙占领陆地的同时，翼龙占领了天空，鱼龙、蛇颈龙、沧龙等海洋爬行动物占领了海洋。爬行动物在自身繁盛的同时也发生了革命性的演化，三叠纪晚期由似哺乳动物爬行动物演化出了哺乳动物，侏罗纪晚期由恐龙演化出了鸟类。在中生代，植物也有了突破性的演化，在古生代和中生代的大部分时间里，植物都是以蕨类和裸子植物为主的不开花植物，真正的开花植物——被子植物于白垩纪早期出现，并在白垩纪晚期迅速扩张。在中生代，除了繁盛的爬行动物，一些无脊椎动物也是非常活跃的，比如菊石、海百合等。

中生代末期，可能由于小行星碰撞及火山活动，超过70%的生物灭绝，包括恐龙（一些演变为鸟类的恐龙除外）、翼龙、海洋爬行动物、菊石等。鸟类和哺乳类的许多类群灭绝了，它们中的幸存者开创了地球生物演化历史的又一个新阶段。

3. 新生代：6600万年前至今

包括古近纪（6600万年前—2300万年前）、新近纪（2300万年前—258万年前）、第四纪（258万年前至今）。

新生代以哺乳动物的大发展为标志。中生代时哺乳动物受恐龙压制，所有类群的体形都非常小，恐龙灭绝之后哺乳动物成为地球的主要动物。从新近纪开始，现代生物群的面貌开始形成。500万年前—600万年前，非洲出现了最早的可以直立行走的灵长目动物——南方古猿，这种在当时并不起眼的动物就是我们人类的祖先。

今天我们人类已经成为地球上能力最强的生物，对地球未来的生物圈、大气圈、水圈都有决定性的影响。地球能否继续为人类和其他生物提供良好的生存环境？这个问题的关键其实就是我们人类自己。

第五章

改变地球生命的演化进程

——蓝藻与叠层石

众所周知，我们在奔跑时会大口喘气是因为运动时人体需要空气中氧气的供给，这样才能使肌肉中的营养物质充分氧化，为我们提供动力；而当我们吃饭的时候，食物被身体吸收后需要经过氧化才能够转化成能量。所以氧气是维持生命最重要的物质之一。

可是，当我们大口呼吸空气的时候是否想到，在地球生命形成之初，大气里的含氧量很低，不足1%！那么现在地球大气中占21%的氧气究竟来自于哪里呢？其实，这些氧气最初来自于一种非常微小的原核生物——蓝藻。

蓝藻是地球上出现得最早的生命之一，据澳大利亚发现的化石推测，最早的蓝藻已有35亿年的历史。虽然名字里有个“藻”，但是蓝藻并不像我们常见的藻类那样是一种植物，而是一种单细胞生物。它没有细胞核，也没有复杂的内部结构，因此科学家认为它与细菌一样属于原核生物，所以蓝藻也被称为蓝细菌。但是与其他很多细菌依靠吸收其他有机物来养活自己不同的是，蓝藻在诞生之初是一个“自食其力”的家伙，秘密就在于蓝藻体内拥有一个先进的“车间”——叶绿素。叶绿素可以在太阳光的作用下，吸收二氧化碳，为蓝藻本身制造包括糖类在内的各种养分。这个过程看上去是不是很熟悉呢？没错，这与现在植物的光合作用一模一样。而在这个过程中，氧气作为副产品被释放出来，这就是地球上氧气增加的开端！可以说，蓝藻的出现彻底改变了地球的命运。

在具有光合作用的蓝藻出现之前，地球的大气主要是由氢气、二氧化碳、甲烷、硫化氢和氨气等气体组成。其中硫化氢和氨气都是有毒气体，并且大气中大量的二氧化碳使得温室效应十分明显，造成地球的温度很高，可以想象，现在的生物是无法在那时的地球上生存的。

尽管蓝藻的体积很小，在显微镜下才可以观察到，但是它以细胞分裂的方法繁殖后代，即一个细胞一分为二、二分为四、四分为八……并且20分钟就可以繁殖一代，繁殖数量惊人。它们不断地吸收大气层中的二氧化碳，同时释放氧气，这些氧气与大气层中的甲烷发生反应生成二氧化碳和水；与硫化氢反应就生成二氧化硫和水，从而逐渐地改变着地球大气的成分。随着空气中二氧化碳的消耗，地球的表面温度逐渐降低，环境得到了改善。

奇怪的是，虽然蓝藻一直不断地进行着光合作用释放氧气，但是直到距今25亿年前，地球大气的含氧量竟然还不足1%！那些蓝藻辛辛苦苦制造的氧气都跑到哪里去了呢？

科学家们通过对当时地层岩石的分析发现，氧气的主要“杀手”是铁元素。早期的地球由于火山频繁喷发，大量的铁元素随着岩浆到达地表，以二价铁离子的形式溶解在海水中。随着蓝藻的光合作用，海洋中含氧量增加，与海水中的二价铁离子结合，形成不溶于水的三价铁，从而使铁元素大量地沉积下来，形成了地球的首次“成铁事件”。我国辽宁鞍山和内蒙古白云鄂博地区的铁矿，以及澳大利亚和巴西的大型铁矿都是在这个时期形成的。除了铁矿，还有占世界总储量50%的稀土元素、铌以及一些其他金属矿都是这次蓝藻带来的“氧化大潮”的产物。直到海洋当中能够进行氧化的金属元素耗尽，海洋和空气当中的氧含量才开始显著增加，形成了地球历史上著名的“富氧事件”。到了距今6亿年左右的元古宙末期，大气当中的含氧量增长到10%左右。

光合作用对地球大气的另一个改变就是形成臭氧层。当蓝藻制造的一些氧气进入大气之后，扩散到了距地面20～25千米的大气层外沿，受到紫外线等射线的作用形成了臭氧层，这些臭氧层在隔绝对生物有害的紫外线方面起到了巨大的作用，相当于为地球套上了一层保护膜。

在氧气逐渐增加的过程中，真核细胞生命开始出现了。真核细胞分裂本身就是一个消耗氧气的过程，并且真核细胞不能防御强烈的紫外线和宇宙射线，因此，只有在地球形成了臭氧层之后，真核细胞生命才能生长和繁衍。正是蓝藻通过光合作用产生氧气，为真核细胞生物的出现打下了坚实的基础。

真核细胞与以蓝藻和细菌为代表的原核细胞相比，最大的进步就是体内出现了细胞核。细胞核当中包含了染色体（由DNA和蛋白质组成），从而成为生命遗传信息储存、复制和转录的场所。细胞核的出现是生物演化历史上的一次巨大的飞跃。有了它，生命才能演化出各种复杂的单细胞生物，进而出现多细胞生物，以及更高级的动植物。可以说，世界上多种多样的生物都始于蓝藻光合作用。

那么我们是如何发现上述这个改变地球面貌和生命演化历史的伟大过程呢?

因为蓝藻在生长的过程中形成了地球历史中最重要的化石之一——叠层石，所以我们主要依靠对叠层石的研究来获得对蓝藻的了解。由于蓝藻等微生物在生长过程中表面分泌出一种叫作“藻胶”的黏性物质，它会吸附身边经过的矿物质颗粒，使它们沉积在蓝藻周围，随着蓝藻的不断繁殖、死亡、堆积，新产生的蓝藻又在不断地往上生长，从而形成了一层层沉积岩，最后形成一片片巨厚的藻礁。因为这种岩石的纵剖面呈向上凸起的弧形或锥形叠层状，如扣放的一叠碗，故名叠层石。

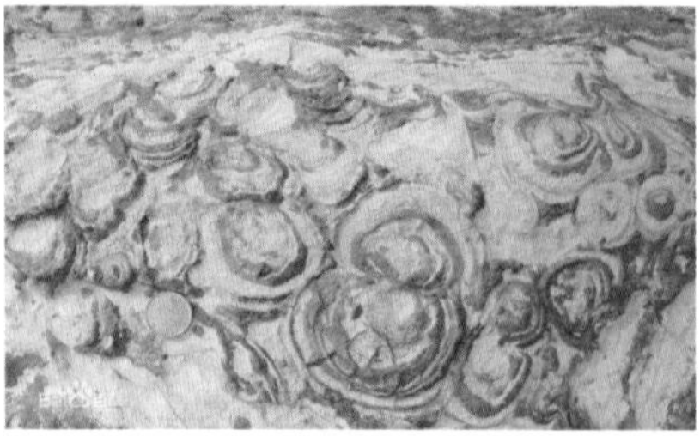

重庆酉西叠层石

最古老的叠层石发现于距今约28亿年前的南非布拉瓦白云岩中。这说明至少28亿年前，叠层石就开始出现在地球的浅海中了。由于缺乏竞争对手，叠层石一直在元古代的海洋中繁盛到7亿年前，后来后生动物的繁荣导致了叠层石急剧衰落，但是这种原始的生命并没有销声匿迹，它们今天仍然在地球上繁衍生息。现代叠层石主要分布于北美巴哈马群岛和澳大利亚西海岸的沙克湾，它们仍然延续着蓝藻进行了35亿年的光合作用，持续地释放着氧气。

叠层石化石在全世界都有分布，在我国分布范围也很广，如北京的房山和昌平地区、辽宁大连的金石滩地区以及河南北部、云南东部。其中最著名的叠层石产地是天津蓟县国家地质公园，那里的叠层石非常壮观，甚至整座山都是由叠层石构成。

叠层石不仅记录了大量微生物方面的信息，而且通过对它的研究，我们还可以发现地球环境、地球化学和地球物理等方面的信息。

我国科学家对北京周口店地区距今10亿年前的叠层石通过实地剖面观测、样品显微镜观测等手段，对其岩性、纹层、形态等进行了详尽的分析。结果发现，当时地球一年的天数、月数与现在的不同，科学家推测当时一年的天数至少为516天，包括13个月。同时，由于潮汐作用对能量的消耗，月球逐渐远离地球，地球自转和月球绕地球公转的速度，都在不断减慢。

叠层石的剖面有着天然的层状纹理，有些由于含铁元素而形成美丽的红色，因此人们把这些叠层石经过切割和打磨做成像大理石一样的高等建筑装饰材料。北京人民大会堂的柱子表面、墙面和地面，许多都是采用叠层石进行装饰的呢！

那么是什么原因导致几乎覆盖了所有元古代海洋浅滩的叠层石走向衰落的呢？

叠层石生长于滨海地区或者浅海潟湖，这些地区平缓的水流为叠层石形成提供了有利条件。因为叠层石的形成需要具备以下几个条件：1. 蓝藻藻丛的生长发育需要阳光，只有浅水才能使阳光透入；2. 有一定数量的细小沉积颗粒供蓝藻的胶鞘粘附，海滨浅滩和潟湖里这些颗粒数量较多；3. 叠层石增长速度大于它的剥蚀速度，这就要求水底的水流不太强烈，水底物质的位置相对稳定。整个元古代时期的很多浅海地区基本上都满足这些条件，所以全球七大洲都分布有大量的叠层石。

然而在7亿年前的元古代末期，地球出现了历史上第一次大范围冰川，当时地表的降雨量增大，雨水和冰川作用使得地表的黏土岩和砂岩开始逐渐落入水中。随着地表风力的增大，风化能力和搬运能力都增强了，这导致河流和海流出现，同时浅海地区海浪增大。这样的气候和地理环境不适合叠层石生存。另外一个原因是叠层石自己光合作用，制造氧气。正是氧气的大量出现使得更为复杂的、靠氧气呼吸、能够进行有性生殖的多细胞生物在地球上出现，并迅速占据了海洋。这些多细胞生物对蓝藻等微生物展开的捕食使得它们迅速衰落，但它们并没有灭绝，今天仍在不起眼的角落里生存，一如既往地产生着大量的氧气。

形成叠层石的蓝藻为地球提供了氧气，并“默默”工作30多亿年，当这些氧气不断产生时，地球便不再是一颗被火山气体覆盖的星球，而是一个焕然一新的宜居的生命摇篮。可以说是蓝藻产生的氧使地球适宜孕育更多的高等生命，为此后的生物演化扫清了大气无氧的障碍，为生命史的下一章也是更复杂的一章铺平了道路。

第六章

寒武纪生命大爆发的朝圣地

——云南澄江动物群

之前我们介绍了地球生命演化历史长达38亿年，而在开头的30多亿年里生命都是以无核细胞或单细胞等最简单的形式生存在地球上，到了距今5.41亿年前的寒武纪，发生了巨大的改变。在短短约300万年的时间里，生命发生了一次大规模的演化事件，绝大部分现生生物门类的祖先以及许多已经灭绝的生物代表同时出现了，如果生命历史是一天，那么这300万年只是相当于1分钟多，所以这一突发性的事件被认为是生物演化史上的“宇宙大爆炸”，古生物学家们称之为“寒武纪生命大爆发”。

人们最初知道这场生命大爆发是在1909年，古生物学家维尔卡特在一个偶然的机会下，于加拿大落基山脉布尔吉斯山上发现了大量寒武纪时期的动物化石，所以这里被古生物学家称为“布尔吉斯页岩生物群”。经过研究，专家认为这个生物群的年代距今为5.1亿年。

20世纪80年代，我国古生物学家在云南澄江帽天山地区发现了化石群——澄江动物群，澄江动物群出现的时代距今大约5.3亿年，比“布尔吉斯页岩生物群”还早1000多万年。澄江动物化石群的发现，引起世界科学界的轰动，被称为“20世纪最惊人的发现之一”。从此，帽天山就成为全世界研究寒武纪生命大爆发的“朝圣地”。

然而，这个“圣地”却是被一榔头敲开的！

让我们回到30多年前的1984年6月，毕业于中国科学院南京古生物所的硕士侯先光，来到云南澄江县的帽天山，寻找曾经生存于寒武纪的高肌虫化石。他天天早出晚归，爬过崎岖的山路，到选点搜寻古生物化石，然而，艰苦的工作并没有得来想要的收获，侯先光不免有些失望。一个夏天的下午，侯先光沿着帽天山一个坡面开始挖掘，手中的榔头不间断地劈着岩层，随着一榔头砸下去，一块半枚硬币大小的化石应声而落，凭借经验，侯先光一看就知道这是一个从未发现的新物种。随后，他又发现了一块新物种化石，侯先光的激情再次被点燃，但他不曾想到，这接下来发现的第三块石头将彻底揭开一个沉睡了5.3亿年的惊天秘密，他的人生轨迹也将因此彻底改变。经过进一步鉴定发现，那三块化石分别是纳罗虫、腮虾虫和尖峰虫化石。

这些化石的发现如同打开了一扇古生物宝藏的大门，此后的数天里，侯先光陆续发现了节肢动物、水母、蠕虫等许许多多同时期的古生物化石。返回南京后，他与导师张文堂教授一起撰写了《纳罗虫在亚洲大陆的发现》，并在论文中将澄江的动物化石定名为“澄江生物群”。

澄江动物群的发现，彻底改变了以往认为寒武纪生物物种稀缺的认识。包括腕足动物门、软体动物门、有爪动物门（含叶足动物）、棘皮动物门、栉水母动物门、半索动物门、脊索动物门、环节动物门等20多个动物门类的发现，充分地表明，从低等的海绵动物到高等的脊索动物，大多数现生动物门在寒武纪开始后不久都已演化出了各自的代表。现代动物多样性的基本构架，即门一级的动物分类，在寒武纪大爆发过程中就已基本形成。

尤其值得关注的是，从寒武纪早期的祖先类群中演化出了当今最常见和最繁盛的节肢动物、脊索动物及软体动物。这些生物小的只有几毫米，大的有两米，它们有的像海绵，有的像蠕虫，有的像帽子，还有的像花朵……真是千奇百怪，美不胜收，它们自由生活在距今5.3亿年前的浅海水域中。

澄江动物群不仅进一步揭示了以节肢动物为主的原口动物谱系树面貌，而且随着古虫动物门、半索动物云南虫、头索动物华夏鳗、尾索动物长江海鞘、脊椎动物昆明鱼和海口鱼以及原始棘皮动物古囊类的相继发现，填补了后口动物另外“半棵谱系树”的主要分枝。由此可见，寒武纪生命大爆发实际上同时创建了原口动物和后口动物两大支系的完整的动物演化大树的基本轮廓，为显生宙整个原口动物和后口动物谱系的持续演化奠定了基础。

同时，澄江动物群是动物演化过程“中间环节”的伟大宝库。一群包括抚仙湖虫、澄江虾和山口虾在内的“中间环节”化石，在以多腿缓步类为代表的节肢动物叶足状祖先与包括现生节肢动物在内的真节肢动物之间架起了桥梁。

其中，以海口虫为代表的具备脊椎雏形的神经脊动物最为著名。因为它是世界上发现最早的具有脊椎早期形态“脊索”的动物，我们的祖先脊椎动物就是由脊索动物中的一种演化而来。虽然海口虫只有2～3厘米大小，但是已经具备了脊椎动物才有的一些特征，比如头部两侧的眼睛、心脏和动脉。除此之外，在海口虫化石上发现的嗅觉神经和鼻孔构造表明，动物至少在5.3亿年前就可以“闻到气味”了，可惜它们还是聋子，没有演化出听觉系统。同时，古生物学家还发现海口虫的神经索前端膨大，这就是我们大脑的雏形。这一点证实它们已经脱离了无脊椎动物体系，表明脊椎动物已进入有头类的演化轨道。

澄江动物群中节肢动物极为多样化，约占整个动物群的70%，完美展示了生物界“搭积木和玩七巧板”的神奇。通过分节外骨骼以及连接骨片之间关节膜的形成，节肢动物开辟了多样化的革新之路。与其他动物门类相比，节肢动物成为生物界演化史上最具多样化且长盛不衰的类群。

澄江动物群最大的动物是身长可达2米的奇虾，它拥有一对大型捕食器和一个大型具有肢解能力的口器，能够捕捉许多海洋生物。奇虾粪便化石含有瓦普塔虾和三叶虫的骨骼碎片，表明奇虾是当时海洋中其他动物的噩梦。它的出现标志着完整的生物食物链在寒武纪早期就已形成，生命复杂生态体系开始步入新的发展时期。

澄江动物群化石不仅保存了生物外壳和矿化的骨骼，还保存了生物的软体器官和组织轮廓，如动物的口、胃、肠等器官，动物的肌肉、神经和腺体等体内组织。这些生物软体器官和组织构造为研究寒武纪早期海洋生物的祖先型生物的原始特征（包括形态结构、生活方式、生态环境和营养结构等）提供了极好的材料，也为化石生物的完整复原和系统分类提供了可靠依据。

澄江动物群令人称奇之处还在于，大量的化石是由没有硬体外壳和矿化骨骼的软躯体生物形成，就如自然界常见的蚯蚓和水母。海洋中约有45%以上的生物通常是不留下化石记录的软躯体生物，因此以往生物演化的历史主要是在硬体骨骼化石的记录上建立起来的。澄江动物群大量软躯体生物化石的发现，不但填补了生物历史的空白，而且更加全面地展示了当时海洋生物世界的面貌。

澄江动物群时代，由于生态空间的迅速拓展，生物呈现出个体的大型化、防御能力的提升、捕捉器官的多样化，再加上真正眼睛的出现和活动能力的快捷化，复杂的生命之网已经非常壮观。如海洋生物的生活类型已经趋向多样化，游泳型的奇虾、漂浮型的水母，底栖爬行型的纳罗虫，底栖固着型和底栖钻埋型的海豆芽，分别形成了海洋生物的水中、海底表面和海底泥沙中的三个不同生态层次的分布格局。5.3亿年前海洋生命分布的壮丽景观，通过澄江动物群这一窗口翔实生动地展示了出来。

寒武纪生命大爆发本身也有许多谜题有待解决，比如：什么原因使得寒武纪早期世界能够产生这样的生命“爆发”？

古生物学家为此做了大量的猜测：海洋和大气中积累了足够的有利于呼吸作用的氧气；全球环境变化有利于动物生存；海洋中化学物质变化积累了大量的磷酸盐，使得动物能演化出保护性的骨骼；等等。然而，这些猜想需要我们继续加强对澄江生物群的研究，在这片朝圣地中去努力寻找答案！

第七章

热闹的远古海洋

——三叶虫、菊石、海百合

在距今约5.4亿年前的寒武纪初期，海洋中发生了生物演化史上最为壮观的爆发式辐射事件，即寒武纪生命大爆发。寒武纪以前的星星之火在那时终于形成了燎原之势。节肢动物、腕足动物、海绵动物、脊索动物等一系列与现代动物形态基本相同的动物在地球上来了个“集体亮相”，形成了多种门类动物同时存在的繁荣景象。从此，我们现在所熟悉的生物们开始登上了历史舞台，书写它们波澜壮阔的历史。在古生代早期的寒武纪和奥陶纪，由于这一时期植物还没有登上陆地，所以当时的生物都是在海洋中繁衍生息。如果有幸穿越到那时候的海洋，你将发现一个无比热闹的生物世界！

海底的统治者——三叶虫

三叶虫可以说是除恐龙之外最为人们所熟知的古生物明星了。三叶虫最早出现在寒武纪早期，到寒武纪晚期时发展到顶点。此后，三叶虫从极盛的高峰逐渐走向衰落，曾经在海洋中称霸一时的三叶虫未能得到上天的眷顾，它们受到了迅速崛起的新物种的严重威胁，最终在二叠纪末期退出了历史舞台。

三叶虫化石

三叶虫在动物分类学上属于节肢动物门三叶虫纲。因为它们的身体从纵横两方面来看都可以分成三部分：纵向分为头部、胸部和尾部，横向分为中轴和两边的侧叶部分，因而得名三叶虫。

古生物学家认为，三叶虫属于卵生的雌雄异体动物，要经历幼年期、分节期和成虫期三个发育阶段。从诞生开始，它们要经历多次蜕壳才能成年。地球上现存的许多节肢动物，比如我们熟悉的螃蟹、蜘蛛和大部分昆虫都与三叶虫的发育方式相同。

幼年期的三叶虫身体特别小，一般呈圆球状，身体上突起部位很明显，头部和尾部尚不分明，也没有胸节。分节期的三叶虫头部和尾部已经分开，胸节开始发育。随着三叶虫不断地生长和蜕壳，身体上的胸节、刺、瘤和尾甲的分节数就会增加，当胸节全部长成后就进入了成年期。成年的三叶虫就完全可以在海洋中自由自在地生活了。

研究表明三叶虫个体大小相差悬殊。发现于葡萄牙奥陶纪地层中的乌拉裂肋虫是最大的三叶虫之一，长达70厘米，而古盘虫、球接子之类的微小三叶虫却不到6毫米。常见的三叶虫一般长度都在3~10厘米，宽度在1~3厘米，超过20厘米的就算大型的了。在我国云南寒武纪早期地层中曾经发现过长度为30厘米的莱德利基虫。

三叶虫的生活习性是多种多样的。例如生活在志留纪中期的齿虫类，它们的整个身体几乎被密密的长刺包围，这些长刺对于游泳来说是一种强有力的推进器，因此可以推测它们是游泳的能手。同时，这些长刺也是它们抵御天敌的有效武器。当时与三叶虫同时代的鹦鹉螺类、板足鲎（hòu）类等都是它们的劲敌，如果三叶虫不增强自身的游泳能力和御敌能力，是无法在那个竞争激烈的环境中生存繁衍的。同时，三叶虫还演化出了一种先进器官来躲避捕食者，那就是眼睛！有些种类的三叶虫有一对复眼，每只大眼睛上有多达15 000个小的六边形透镜体，每个透镜体都是三维立体的，呈短柱状，能够将光线聚焦到大眼后部的感光器。这种复眼不仅对运动物体非常敏感，而且还使三叶虫有立体视觉，有着不寻常的景深（聚焦完成后，在焦点前后能形成清晰的像的前后距离范围）。这些功能使得三叶虫在观察远近物体时都能准确地聚焦，因此，三叶虫是我们发现的最早拥有眼睛的动物。

海中潜艇——头足类

头足类动物是软体动物门头足纲所有种类的通称，现存约650种，全部都生活在海中，如我们熟悉的章鱼、乌贼等。从近岸到远海，从海水表层到海平面4500米以下的深处，头足类动物都有分布。头足类动物最早出现在寒武纪时期的海底，经过5亿多年的演化，躲过了数次生物大灭绝，直到今天仍然在海洋中自由地生活。

在奥陶纪时期，头足类动物达到一个发展的高峰，演化出了长达10米的直壳鹦鹉螺。它是奥陶纪海洋中最凶猛的肉食性动物，那时的鱼类还没有发育出上下颌，因此直壳鹦鹉螺成为当时名副其实的海洋霸主。它们的出现使得三叶虫在胸、尾部演化出许多针刺，以避免被袭击甚至吞食的厄运。

直壳鹦鹉螺想象图

外壳类头足动物还演化出一种奇特的身体结构，它们的外壳内部被许多隔板分成一系列的体腔，当体腔进水时，身体下沉，而当体腔排水时，身体上浮。同时，头足动物可以借用喷射动力“倒退行走”。当富含氧气的水被吸入外套膜中的腮后，肌肉收缩使空间减少，使水从由足演变而成的漏斗管喷出，通常是背对着将水喷出，用漏斗管控制方向，这和现代潜艇的工作原理一样。所以头足类又被称为“海中潜艇”。

头足类动物的演化历史长盛不衰，几度成为海洋生物中的明星。其中最著名的就是菊石了。在古生代末期，地球经历了最严重的生物灭绝事件，在那之后头足类动物也迎来了其演化发展的重要时期。那时，菊石类十分繁盛，从种类到数量都达到了演化历史上的新高峰，所以中生代被称为“恐龙时代”的同时，也被称为“菊石时代”。

由于菊石具有演化迅速、分布广泛和易于辨认等特点，它成为划分和对比地层最有效的标准化石。依据菊石在地层中的垂向演变可以将地层划分出精细的菊石带。例如在中生代的三叠纪、侏罗纪和白垩纪，每一个纪均可划分出30个以上的菊石带，平均每个菊石带的延续时间在100万～200万年，这个精度在测定地层的绝对年龄方面，甚至超过了同位素测算。

菊石与恐龙一样在白垩纪末期那次大灾难之后灭绝了，但是它的亲戚鹦鹉螺仍然游弋在现在的海洋中，续写着祖先的历史。

海底“森林”——海百合林

在今天的浅海海底，潜水者会看到由藻类和水草构成的海底“森林”，它在海洋生态系统中扮演着重要的角色，维持着物种多样性。不过，在古代的海洋中，还有一个另类的水下“森林”——海百合林，美不胜收，并且为很多海洋生物提供了栖息场所。

海百合是一种什么生物呢？虽然它有花一样的名字和体态，可它却是一种动物，与海星、海胆是近亲，属于棘皮动物门。海百合是棘皮动物中最古老的种类，它们最早出现在距今4.8亿年的奥陶纪早期。海百合依靠其“茎”部固着在海底，或者生长在海面漂浮的朽木上，用其像花一样的冠部吸收营养。海百合的“花冠”部分集中了它的主要器官和生殖系统，那一片片“花瓣”其实是它的触须。与依靠光合作用的百合花不同，海百合依靠冠部的触须捕食浮游生物生存。更有趣的是，科学家发现当把海百合的冠部或触须切除后，它还会依靠其“茎”部吸收海水中溶解的有机物继续生存很长时间。

海百合的“茎”是由一个个钙质“茎环”构成的，其长度可以达到40米。每个“茎环”中间有一个小孔，形态很像铜钱。当海百合死亡后，这些“茎环”就散落开来。由于在古生代，海百合遍布海底，因此海底出现了大量的钙质沉积物，特别是在石炭纪时期，大陆之间的浅海就是海百合的世界。因此，那时沉积了大量的含有海百合残骸的岩石，被称为海百合灰岩。

海百合林在经过石炭纪这一顶峰期后开始衰落，衰落的原因是出现了强大的捕食者。由于多数海百合一经固定就无法再移动，因此它们很容易遭到其他生物的捕食。一些种类的海百合“移居”深海避难，因为那里的捕食者很少。还有一些种类的海百合在演化过程中其“茎”部退化，并且发育成可以移动的种类。当它们遇到天敌时，可以依靠触须很快游走。目前现生的海百合有700多种，它们大部分没有“茎”部或“茎”部很短，并且是“夜行侠”。

海百合死亡后，身体的钙质部分很容易保存下来成为化石，这些化石不仅为地质历史时期的古环境研究提供重要的依据，同时由于其优美的姿态也成为收藏家们竞相搜集的化石精品。

第八章

从"守株待兔"到"随心所欲"

——鱼类颌的演变及脊椎的产生

你去过海洋馆吗？去过的话你一定对海洋馆里各种各样的鱼类有非常深的印象。即使没去过海洋馆，海鲜市场里各种美味的鱼类也会让你大开眼界。那么，你真的了解什么是鱼类吗？章鱼、鲸鱼、墨鱼、鲍鱼是不是鱼呢？现在的鱼和以前的鱼长得一样吗？

鱼类是脊椎动物中物种数量最多的一类，达2万种之多。鱼类的主要特征包括生活于水中，用鳍游泳，用鳃呼吸，身体表面被鳞片覆盖等。章鱼、墨鱼、鲍鱼虽然也生活在水中，但没有脊椎骨，不是脊椎动物，因此不是真正的鱼类，前两种属于软体动物的头足类，鲍鱼属于软体动物的腹足类。鲸虽然有鳍，但体表无鳞，它们用肺呼吸，胎生哺乳，因此鲸和我们一样，都属于哺乳类。

鱼类大约是在5.4亿年前的寒武纪出现的，是脊椎动物最早出现的类群。我国云南澄江生物群发现了迄今最原始的脊椎动物昆明鱼和海口鱼。它们已经和现代鱼一样，具有脊椎骨和鳃裂。但是它们的嘴巴和现代鱼完全不一样，嘴巴没有上下颌，而是圆形，呈漏斗状，这类鱼被称为无颌类，或是圆口类。除了没有上下颌之外，无颌类只有一个鼻孔，不像其他脊椎动物那样有成对的鼻孔；只有奇鳍（背鳍和尾鳍），没有偶鳍（胸鳍和腹鳍），游泳能力比现代鱼差很多。由于没有上下颌，而且游泳能力不强，无颌类只能被动地过滤海水以获取食物。无颌类虽然出现得很早，但直到志留纪才开始逐渐繁盛起来，此时的无颌类身体前半部覆盖着沉重且结实的骨甲而后半部分裸露，乍一看外表有点像拖鞋，因而有“拖鞋鱼”之称。这些笨重的骨甲大大限制了无颌类的运动能力，它们只能在海底做简单的移游。

由于无颌类活动不便，取食又是纯粹的碰运气，当有上下颌的鱼类兴起时，无颌类逐渐没落，大部分于泥盆纪末期灭绝。但有两类无颌类通过特化，得以占据独特的生态位（个体或种群在种群或群落中的时空位置及功能关系）存活至今：一类为七鳃鳗，特征是眼之后有七对鳃孔，就好像有八对眼睛一样，因此又被称为八目鳗，别的无颌类用来滤食的口孔在七鳃鳗上特化为吸盘，内有长满角质齿的舌头，当它用口吸住猎物时，就用舌头划破猎物血管以吸食血液；另一类为盲鳗，是一种寄生动物，钻入鱼类身体并取食其内脏，眼睛完全退化。我国无颌类化石丰富，广泛分布于云南、四川、广西、湖南、新疆、陕西、湖北、贵州、浙江等地的志留纪和泥盆纪地层中，在我国内蒙古宁城的侏罗纪中期地层中，古生物学者则发现了迄今为止最早的七鳃鳗化石——孟氏中生鳗。

前面说的这些鱼都是没有上下颌的，那么最早的具有上下颌的鱼类是什么时候出现的呢？无颌类和其他鱼类一样，依靠鳃弓支撑鳃部，但鳃弓比其他鱼类要多两对，这是因为无颌类最前面的两对鳃弓一对演化成了上下颌，另一对则演化成了连接上下颌的舌颌骨。那么这种演化是怎么发生的呢？前面提到无颌类只有一个鼻孔，鼻孔内部处理气味的鼻囊也只有一个，而在有颌脊椎动物中，鼻囊分开成对。在胚胎发育阶段，无颌类未分裂的鼻囊阻挡了一部分细胞向前移动，而正是这些细胞在有颌类形成了上下颌，也就是说分离的鼻囊是上下颌形成的必需条件。在我国南方和越南北部发现的一种被称为盔甲鱼类的无颌类具有非常有意思的特征，虽然鼻孔还只有一个，但它们的鼻囊已经分裂为两个，这就意味着它们已经开始向有颌类演化，盔甲鱼类可能是与有颌类关系非常密切的类群。

最原始的具有上下颌的脊椎动物为盾皮鱼类，它们身体的前半部分也被骨甲所覆盖，但与无颌类不同，盾皮鱼类的骨甲分为头甲和胸甲两部分，这两部分骨甲以关节的方式相连，因而具有一定的活动性。虽然盾皮鱼类具有上下颌，但它们的许多特征还是非常原始的，比如依然没有偶鳍。虽然它们有类似偶鳍的结构，但里面并没有骨骼构造，只是皮肤褶皱形成的。盾皮鱼类的上下颌虽然有类似牙齿的结构，但其实并不是真正的牙齿，只是形状特殊的甲片罢了。

除盾皮鱼类之外的有颌类，上下颌包括两套骨骼：一套位于内侧，包括上颌的腭骨、翼骨以及下颌的冠状骨等；另一套位于外侧，包括上颌的前颌骨、上颌骨以及下颌的齿骨等。盾皮鱼类的上下颌只有一套骨骼，虽然从位置上看，这套颌骨位于内侧，但实际上它们与进步的有颌动物外侧的那一套骨骼才是同源的。也就是说盾皮鱼类的颌和其他有颌脊椎动物还是有不小差距的。盾皮鱼类最早的化石记录见于志留纪，在泥盆纪达到极盛，有一些非常庞大的类群比如邓氏鱼，长达11米，咬合力达到数吨，堪称当时一霸。在我国的四川、云南、湖南、广西等地的志留纪与泥盆纪地层中含有大量盾皮鱼类化石。

之前提到盾皮鱼类的上下颌和进步有颌类有很大差距，那么从什么时候开始鱼类有了和我们一样的两套骨骼的上下颌呢？在我国云南潇湘地区的志留纪晚期地层中，古生物学家发现了两种盾皮鱼类，它们分别被命名为长吻麒麟鱼和初始全颌鱼，这两种盾皮鱼类的上下颌骨已经开始移动到口腔外侧，而且初始全颌鱼已经基本具备了完整的内外两套颌骨构造。这也是目前已知最早的具有现代有颌类骨骼构造的脊椎动物。

盾皮鱼复原照

在全颌鱼之后，有颌类脊椎动物分为两个演化支。一支在演化过程中失去了硬骨化的颌骨，并在之后的演化过程中所有骨骼都变为了软骨。这一支的原始类群称为棘鱼类，鳍前有硬棘，胸鳍和腹鳍之间有的有附加鳍；进步类群称为软骨鱼类，全身骨骼均为软骨。

棘鱼类生存于志留纪至二叠纪末期，其化石广泛分布于我国华南地区的古生代地层中。软骨鱼类于志留纪出现后一直存活至今，鲨、鳐、银鲛是主要代表，它们的内骨骼为软骨，鳃孔外露无鳃盖，也没有鱼鳔，体表覆盖的鳞片为盾鳞。由于软骨鱼类全身骨骼除牙齿外都是软骨，极难成为化石保存，发现的多数化石也均为牙齿化石。华南的古生代地层以及辽西的中生代地层都有牙齿化石发现。在众多已经灭绝的软骨鱼中，有一类被称为旋齿鲨，它们具有非常奇特的下颌特征。其下颌如圆锯状，牙齿从内到外、从小到大螺旋状排列。研究者们对这个古怪的下颌的功能可谓是众说纷纭，目前普遍认为旋齿鲨这种特殊的下颌牙齿会像传送带一样，从内部向外运送，运送的同时牙齿逐渐长大，这样可以避免因牙齿掉落造成的捕食效率下降。在湖北荆门的二叠纪晚期地层中，古生物学家发现了比较完整的旋齿鲨下颌。

有颌类脊椎动物另一支的演化趋势为骨骼硬骨化程度逐渐增大，这一支称为硬骨鱼类。硬骨鱼类体表覆盖骨鳞，鳃孔被鳃盖覆盖不外露，可依靠鱼鳔调节潜水深度。

硬骨鱼类可分为两个大类：一类向增强游泳速度方向演化，鱼鳍内骨骼逐渐退化成鳍条，这一类叫作辐鳍鱼类；另一类则以底栖爬行为主，鱼鳍内骨骼逐渐强壮，这一类叫作肉鳍鱼类。肉鳍鱼类作为陆生脊椎动物的祖先类群，对脊椎动物的演化有重要意义。在我国云南潇湘的志留纪晚期和曲靖的泥盆纪初期地层中发现了世界上最原始的肉鳍鱼类鬼鱼和斑鳞鱼，它们虽然是硬骨鱼类，却有一些传统上非硬骨鱼类的特征，比如鳍前有棘刺、腰带具有外骨骼等，这些发现有力地证明了硬骨鱼类起源于原始的盾皮鱼类。云南潇湘动物群的宏颌鱼也是一种肉鳍鱼类，体长超过一米，虽然和现在的鱼类相比体形较小，但和当时的其他鱼类比绝对是庞然大物。

辐鳍鱼类具有较强的游泳能力，占了现代鱼类属种的绝大多数。它们超过3万种，接近脊椎动物物种总数的一半。目前世界上最早的辐鳍鱼类发现于我国云南曲靖4.1亿年前的泥盆纪初期地层，称为弥曼鱼。我国辐鳍鱼类化石丰富，尤其是在贵州和辽宁等地的中生代地层中。我国贵州兴义市三叠纪中期的地层中发现了两种和现代飞鱼一样具有跃出水面滑翔能力的鱼，分别命名为飞翼鱼和乌沙鱼，这是世界上最早的具有滑翔能力的鱼类化石记录。

鱼类今天分布在河流、湖泊与海洋，与人类有着非常密切的关系。

第九章

请叫我“登陆先锋”

——中国著名的两栖类化石

自寒武纪早期，最早的脊椎动物演化出来以后，在将近2亿年的地球历史中，脊椎动物的演化进程基本都在水中完成。直到泥盆纪时期，脊椎动物终于开始向陆地进军，这支队伍中的开路先锋就是两栖类。

就像之前说过的，硬骨鱼类中有一支称为肉鳍鱼类，它们鳍里面的骨头不是辐射状的，而是和陆地动物一样由结实的长骨组成，而且鳍的根部有非常强壮的肌肉以支撑身体活动。在泥盆纪时期，或许是由于气候变得干旱，海平面下降，水域被划分成一块一块的，鱼类为了生存必须跨过陆地转移到其他较大的水域去；或许是由于海洋中的顶级掠食者越来越多，鱼类为了躲避危机四伏的海洋而选择转移到陆地上生存。总之，那时很多鱼类开始向陆地转移。

为了达到从水中转移到陆地的目的，鱼类的身体要做出许多改变以适应全新的环境。其中最为重要的改变是它们的大脑更加发达，因为陆地上的生存方式和活动方式完全不同于水中，它们需要发达的大脑以处理可能遇到的各种状况。我国云南昭通4.09亿年前泥盆纪早期地层中发现的东生鱼是目前已知最早开始向陆地转移的一类肉鳍鱼类，它们的大脑半球已经开始拉长，不同于水生鱼类较小的大脑半球，扩大的大脑有助于提高动物的适应能力。另一个重要变化是呼吸方式的改变，氧气来源从水中变为空气中，因此呼吸器官由鳃变成了肺，在一些高级的肉鳍鱼类中，比如肺鱼，鱼鳔已经能够起到一定的呼吸作用。第三个主要变化发生在四肢上，陆地上空气的浮力远小于水中的浮力，因此演化出支撑身体的四肢是在陆地上生存的必需条件。在拉脱维亚发现的潘氏鱼，鳍的末端已经出现了手指的分化；在加拿大发现的提塔利克鱼，头部已经和肩带分开，有了颈椎，这使得头部可以做一些转动和抬动，扩大视觉范围，同时增强前肢的灵活性。

最早的真正具有陆生四足动物形态的是泥盆纪晚期的鱼石螈，这是一种体长约1米的两栖动物，鳍已经完全变成四肢，背鳍完全退化，但鳃和鳞片还有残迹。鱼石螈的前肢强壮而后肢较弱，人们推测在陆地上它只能用前肢推动身体前进，行动非常迟缓，大部分时间是在水中生存。值得注意的是，鱼石螈四肢指头的数量不像大多数四足动物那样是5个，而是7~8个，类似的现象也出现在其近亲棘螈身上。在四足动物演化的早期阶段，指头数量在不同的两栖类中变化很大，但是随着演化发展，最后只有拥有5个指头的两栖类存活下来，其余都灭绝了。所以，后来的四足动物每个足的指头都只有5个了。包括鱼石螈在内的这一类原始的两栖动物都有一个共同特点，就是牙齿的横截面牙釉质呈迷宫状排列，因此它们被称为迷齿两栖类。

迷齿两栖类在石炭纪和二叠纪时非常兴盛，但是在我国发现的化石种类并不多。到目前为止，我国没有发现过石炭纪的迷齿两栖类化石，在甘肃玉门大山口二叠纪晚期地层发现的似卡玛螈是目前我国发现过生存年代最早的迷齿两栖类，但化石仅有左侧头骨的前部保存了下来。在新疆乌鲁木齐附近的二叠纪晚期地层还发现过短头鲵。

迷齿两栖类在二叠纪时出现了一支独特的类群——石炭蜥类。那么它们独特在哪里呢？其他两栖类的头骨大多是扁平的，脑袋与脖子关节的地方有两个突起，脚趾每根指头的指节数不稳定；但石炭蜥类的头骨变高，脑袋与脖子关节的地方只有一个突起，脚趾每根指头的指节数从第一趾到第五趾分别为2、3、4、5、4。石炭蜥类的这些特征不同于两栖类，但与原始的爬行类非常相似，它们也被认为是爬行动物的祖先类群。石炭蜥类包括许多类群，如西蒙螈类，它与原始爬行动物已经非常相似，甚至有些古生物学家认为已经不能把它们当作两栖类了，而得把它们看作最原始的爬行动物。在我国新疆乌鲁木齐附近以及河南济源的二叠纪晚期地层发现的乌鲁木齐鲵和毕氏螈就属于这一类。另一类有趣的石炭蜥类为迟滞鳄类，它们的吻部较长，背部像鳄鱼一样覆盖着盾甲。以前古生物学家认为迟滞鳄类的外形与现在的鳄类非常相似，可能具有和鳄类相似的水生习性，后来的研究发现有一部分迟滞鳄类的盾甲非常结实，这部分类群可能是陆生或半水生的。我国迟滞鳄类化石主要发现于甘肃玉门大山口的二叠纪晚期地层，包括泰齿螈和兄弟迟滞螈。

随着三叠纪爬行类的兴起，迷齿两栖类在中生代大为衰落。三叠纪时，我国的新疆吐鲁番（耳曲鲵）、湖北远安（短头鲵）等地都还有迷齿两栖类的发现。到侏罗纪时，迷齿两栖类在全球范围内已经极其罕见了。在我国四川自贡侏罗纪中期地层发现的中国短头鲵曾经被认为是全世界最后一种迷齿两栖类，这个纪录后来被澳大利亚白垩纪早期地层发现的迷齿两栖类所打破。但无论如何，迷齿两栖类在中生代与爬行动物的竞争结果是彻头彻尾的失败，并最终走向了灭绝。

虽然迷齿两栖类在中生代不断衰退，但另一类两栖类却在中生代悄悄兴起，并一直延续到今天，这就是滑体两栖类。滑体两栖类包括无尾类（青蛙和蟾蜍）、蚓螈类和有尾类（蝾螈和鲵），它们的表皮没有任何鳞片或甲片，皮肤布满黏液腺，体表润滑，因而有“滑体”的名称。现生的无尾类很多都是跳跃高手，它们的身体也发生了一系列演化以适应跳跃的需要，比如脊椎数量减少，两块小臂骨和两块小腿骨均接合等。无尾类的尾巴退化变短，所有尾椎愈合为一根短的尾杆骨。无尾类除了依靠肺进行呼吸之外，皮肤也是很重要的辅助呼吸器官，有的类群甚至完全依赖皮肤呼吸而肺发生了萎缩，所以无尾类一般表现出肋骨退化的特征。由于两栖类体形较小，有很多软骨化的骨骼，难以形成化石，所以它们的起源问题还存在很多疑问。最早的无尾类是马达加斯加的三叠蛙，相比后来的无尾类，三叠蛙躯干较长，尾巴虽然缩短但各节尾椎没有接合，肋骨依然很发达。在侏罗纪时无尾类化石在全球都非常罕见，仅在美国和南美的侏罗纪早期地层有所发现，此时的无尾类依旧有较长的背部。到白垩纪时，无尾类的长相已经与现生两栖类没有什么差别了。在我国辽宁西部白垩纪早期的热河生物群中含有大量的无尾类，这些无尾类化石一开始被分为辽蟾、中蟾、丽蟾、大连蟾等多个属种，后来的研究认为这几个物种之间的差异并不明显，因此古生物学家把热河生物群所有的两栖类都归入了最早命名的辽蟾。

无尾类的原始类群寥寥无几，而有尾类的早期化石记录几乎是一片空白，我们至今对有尾类的起源和早期演化还知之甚少。目前发现的最原始的有尾类出现在我国内蒙古宁城道虎沟、河北青龙、辽宁建平的侏罗纪中晚期地层中，包括

天义初螈化石

初螈、胖螈、热河螈、北燕螈和青龙螈。这些侏罗纪时期有尾类的身体结构已经与现生蝾螈非常相似了，初螈甚至可以归入现生有尾类的隐鳃鲵亚目。隐鳃鲵科现存三种大鲵，美洲、中国、日本各一种，其中中国大鲵体长最大可达2米，它俗称“娃娃鱼”，是世界上现存最大的两栖动物。在初螈和热河螈的化石上还发现了一个有意思的现象，就是成年蝾螈还具有外鳃。北燕螈和青龙螈则是目前已知有尾类蝾螈亚目最早的化石记录。众所周知，两栖纲动物的成长是变态发育过程，它们的幼体称为蝌蚪，头和躯干部呈圆形或椭圆形，身后有一条小尾巴，没有四肢，具有外鳃，和鱼一样用鳃呼吸。随着不断成长，外鳃逐渐消失，它们改为用肺呼吸，长出了四肢，其中的无尾类还发生尾巴退化的现象。初螈和热河螈在成体中还保留着外鳃的现象是一种幼态持续的现象，就是说有的动物成年以后会保持幼年的身体外形。类似的现象在现生蝾螈类美西钝口螈身上也有发现。

另外，在这些热河螈的肚子里我们还发现了一些叶肢介的化石，这是一种具有一对可开闭外壳的动物，长得很像贝壳，但其实属于节肢动物，壳内有小虫子的身体。而在初螈的肚子里，我们没有发现叶肢介的化石，却发现过划蝽的化石。划蝽的个体要比叶肢介大，但初螈的体形却比热河螈小。为什么体形较小的蝾螈会比体形大的蝾螈吃更大的食物呢？这是因为初螈具有比热河螈更发达的上下颌，嘴可以长得更大，可以捕食更大的猎物。

到了白垩纪早期的热河生物群，有尾类依然扮演着重要角色，古生物学家们发现了非常丰富的化石，包括塘螈、皇家螈、辽西螈等。

蚓螈类是现生两栖类中数量相对较少的一类，化石记录也非常少，目前已知最早的化石记录发现于美国亚利桑那州的侏罗纪早期地层。除此之外，该类的起源与演化目前是模糊的，还需要我们去发掘探索。

随着新生代到来，滑体两栖类逐渐走向繁荣并一直延续至今，它们中的很多种类以昆虫为食，在农田里默默地保护了许多庄稼，是农民得力的助手。

第十章

凝固的时光

——中国著名的古昆虫化石及琥珀

目前已知现生动物物种总数约为150万种，而哪一类动物的种类最多呢？答案是昆虫。目前已知的昆虫超过100万种，占已知所有动物总数的三分之二，而且每年都在发现新的昆虫种类。昆虫不仅种类数量多，而且个体数量庞大、适应性强，从沙漠到两极遍布地球每一个角落，是我们身边最常见的一类动物。有读者会问这样的问题：我们日常见到的虫子都是昆虫吗？如果不是，哪些特征可以让我们确定它们是昆虫呢？

这里先回答第二个问题，昆虫身体结构的主要特点是身体分成头、胸、腹三部分。头上的主要结构包括一对触角，一对复眼和一个口器。胸部包括三对足，很多昆虫的胸部还具有一对或两对翅膀。昆虫的腹部位于胸部之后，大部分器官都在腹部中。当然这里说的特征都是针对成年昆虫的。大家知道，很多昆虫幼年时是类似毛毛虫的形态，但这个状态是暂时的。

身体分为头、胸、腹三部分，三对足，一到两对翅膀，这是昆虫的主要特征，那么回答第一个问题就很容易了。首先最容易与昆虫混淆的是蜘蛛，蜘蛛的身体只分为头胸部和腹部两个部分，而且有八条腿。蜈蚣也经常被误认为是昆虫，可它的身体分不出头胸腹，而且腿的数量非常多。和蜈蚣一样，马陆，又称千足虫，也拥有非常多的腿，因此它也不是昆虫。森林中有一类吸血传播传染病的蜱虫，还有在我们的皮肤上寄生的螨虫，它们都有8条腿，因此也都不是昆虫。为什么我们容易把这些动物和昆虫搞混呢？这是因为它们都属于节肢动物。顾名思义，节肢动物就是腿分节的动物，大家用放大镜仔细观察就可以发现它们的腿是被几个关节分成一节一节的。节肢动物是一个庞大的门类，从昆虫、蜘蛛到虾、蟹，包括灭绝的三叶虫，都属于节肢动物。昆虫属于节肢动物门昆虫纲，蜘蛛、螨虫、蜱虫属于蛛形纲，蜈蚣、马陆则属于多足纲。

从志留纪晚期到泥盆纪时期，水生植物登陆造就了陆地宜居的生态系统，大约在4亿年前的志留纪晚期可能就已经有昆虫存在。到石炭纪时，由于地球含氧量较高，很多种昆虫演化出了庞大的体形，比如古脉蜻蜓，外形与现生蜻蜓很类似，但翼展竟能达到75厘米。随着石炭纪结束，二叠纪时气候转冷，以及二叠纪末的大灭绝，大量原始昆虫灭绝。到了中生代时，基本所有现代昆虫目都已经形成，我们如今看到的甲虫、蟑螂、蚊子等，在中生代时都已经出现了。

我国昆虫化石资源非常丰富，在辽宁、吉林、内蒙古、山东、河北、北京、新疆等地的中生代地层中都发现过大量保存精美的昆虫化石。其中大部分昆虫形态与现生昆虫无异，都已经能归入现代昆虫分类体系。这其中有不少非常有特点的昆虫化石，成为研究昆虫的起源和演化，以及古生态的重要材料。

我国辽西地区白垩纪早期的义县组地层中，存在着几类属于双翅目虻类的化石。现生虻类有吸血为生的牛虻，其实大部分虻类都可以吸食花蜜。中生代的虻类化石与现生吸食花蜜的虻类形态已经基本一致，这间接证明了在白垩纪早期已经有开花的被子植物出现了，而且昆虫吸食花蜜和植物依靠昆虫传粉的密切联系已经建立起来。中生代的虻类还可区分出两种口器，一种较短，另一种细长。这说明当时至少存在两种不同类型的花，一种花蜜较浅，另一种花蜜较深。

在内蒙古宁城道虎沟侏罗纪中期的地层中，有一种奇特的昆虫，它们具有非常长而且粗壮的后腿，整体形态特征与现生所有的昆虫都不一样。古生物学家根据其凶恶的外形给这种昆虫起名为恐怖虫，认为这种昆虫是寄生动物，像今天的虱子一样，它们粗壮的后肢是用来抓住宿主身体上的毛发、羽毛等以固定身体的。但是后来发现的更多的化石否认了这一假说，恐怖虫只有雄虫有粗壮的后肢，而雌虫的后肢是正常的，

恐怖虫化石

且雄虫还长有一对翅膀，这明显不可能是寄生昆虫。进一步研究发现它们其实和现代的蚊子是近亲，特别是缨翅蚊类。既然它们不具有寄生习性，那么为什么它们还长有这么粗壮的后肢呢？古生物学家认为这种后肢是雄性之间用来争夺交配权的。

既然这种恐怖虫不是寄生昆虫，那么恐龙时代有没有寄生吸血的昆虫呢？答案是肯定的。

同样在内蒙古宁城道虎沟侏罗纪中期的地层中，我们发现了一种昆虫的幼虫。这种昆虫幼虫被命名为奇异虫，它的胸部有一个硕大的圆形吸盘，腹部有六对伪足，足上还有两排小钩，这些特征毫无疑问是用来固着躯体的。除此之外，奇异虫的形态特征与水生昆虫的幼虫相似。

那么这种水生的昆虫为什么不擅于游泳反而适合固定身体呢？如果观察它们的头部，会发现这种昆虫幼虫的头部短小，头部前端有一个锥子形状的口器，像蚊子等昆虫那样，很适合刺破皮肤。这样我们就可以想到，这种昆虫是寄生在其他水生动物身上，用吸盘和伪足固定身体，然后用口器刺破宿主皮肤吸食血液。侏罗纪中期的内蒙古有很多蝾螈，它们的皮肤无鳞裸露，很有可能是奇异虫最常光顾的“倒霉蛋”。

中生代的寄生昆虫除了奇异虫之外还有蚊子、跳蚤等。蚊子的化石在山东莱阳的白垩纪早期地层非常常见，其身体外形已经与现代的蚊子没有什么两样了，但跳蚤完全不同。在内蒙古宁城道虎沟侏罗纪中期和辽宁北票白垩纪早期的地层中，古生物学家都发现了跳蚤的化石，相比于现代的跳蚤（体长1～3毫米），这些跳蚤的体形大得惊人，体长可以超过2厘米。与巨型跳蚤同地层的无论是带毛恐龙、哺乳类还是鸟类，体形都比较小，这些巨型跳蚤不可能像现代跳蚤那样在宿主身上长期寄生，它们更可能的习性是寄生在这些动物的巢穴中和宿主打“游击战”。相比于现代跳蚤，这些原始大个子的跳跃能力较弱，而现代跳蚤跳跃能力极强，一只3毫米长的跳蚤能跳起30厘米高，相当于自身身高的一百倍！这相当于一个1.7米高的人能跳起170米！

昆虫化石的保存除了和大多数化石一样，保存在岩石中之外，还有一种特殊的保存方法。各位读者在小学时可能学过一篇课文《琥珀》，大意是一只蜘蛛和苍蝇被松树的松脂所包裹，它们和松脂一起埋在泥土里变成了化石。这种松脂形成的化石就叫琥珀。

由于琥珀晶莹剔透，光泽诱人，而且经常有各种植物或昆虫包裹在内，它通常被当作是一种非常珍贵而且漂亮的宝石。根据颜色不同可划分为蓝珀、血珀、金珀、白珀等；又可以根据内含物的不同划分为花珀、虫珀等。

在古生物学家眼里，琥珀里面所包含的远古生灵的遗体可谓是真正的无价之宝。在琥珀里保存的昆虫遗体通常没有腐烂，完整保存了生物的原始形态，具有非常重要的研究价值。目前世界上含昆虫遗体的琥珀最主要的产地为缅甸的白垩纪中期地层，波罗的海沿岸和我国辽宁抚顺的始新世地层等。

缅甸的琥珀数量多，化石精美，大大丰富了我们对白垩纪中期南亚生态以及昆虫演化的认识。比如，在缅甸的琥珀中，我们发现了一种草蛉的幼虫。现生草蛉的幼虫会将其他昆虫的尸体或是植物碎屑、沙砾负于自己的后背上来伪装自己。在缅甸琥珀中的草蛉幼虫同样背负着类似的伪装，这样我们就可以确定这种昆虫的伪装术在白垩纪时期就已经存在了。在缅甸的琥珀中，我们还发现了一种称为介壳虫的昆虫，它的腹部里保存有卵囊，里面有55个未孵化的幼虫和5个已孵化的卵壳，在昆虫身体下还保存着5个已经生出的幼虫。介壳虫的这种繁殖方式为卵胎生，即将卵在母体内孵化，直接生出幼虫，这种繁殖方式依然保留在现生介壳虫中。

昆虫是目前已知物种数量最为庞大的一类动物，无论是远古昆虫还是现代昆虫，都还有很多的物种等待着我们去发现、去探索！

第十一章

“红”配“绿”

——中国的植物化石及植物演化

在计算机模拟技术日新月异的今天，《侏罗纪公园》和《冰河世纪》等电影的上映使恐龙、古兽等古动物在电影屏幕上“复活”，用《侏罗纪世界》里的一句台词来说就是“观众们看到剑龙，就像在动物园里看见大象一样，是一件平常的事情”。与恐龙等古动物在荧幕和科普书上的风光相比，古植物总是一个不受大众关注的小角色。但在漫长的地球发展史上，正是这些不起眼的角色改变了整个地球的面貌，也正是依靠着这些植物的存在，包括我们人类在内的所有动物才有演化和生存下去的可能。

植物和动物最主要的区别在于植物具有细胞壁，而且细胞内具有叶绿体，叶绿体内含有大量叶绿素。叶绿素是一种重要的物质，正是有了它，植物才可以进行光合作用，在光的作用下，植物将二氧化碳和水合成有机物并产生氧气。包括我们人类在内的绝大部分生物呼吸时都是吸收氧气，放出二氧化碳，也正是因为这个原因，曾经有悲观的科学家认为在将来，地球的氧气将会耗尽，生命也将灭亡。然而后来的地层古生物研究完全推翻了这种论断，地球的生物出现了30多亿年，地球的氧气非但没有耗完，含量反而在相当长的时间里一直处于上涨的趋势。那么为什么地球上的氧气一直耗不完呢？这就是植物等生物进行光合作用的功劳。如今所有生物都能自在地呼吸繁衍，可以说植物居功至伟。

光合作用这样重要的生物化学反应是什么时候出现的呢？其实早在35亿年前，地球上就出现了一种称为蓝藻的生物，它也是目前已知最早、最原始的具有叶绿素的生物。蓝藻的名字里有一个“藻”字，这是因为过去我们一直认为蓝藻是最原始的植物之一。但由于蓝藻只是单细胞生物，没有细胞核，也没有复杂的细胞内部结构，现在一般认为蓝藻并不是植物，而是和各种细菌、真菌一样属于原核生物。虽然蓝藻已经被认为不属于植物，但它同植物一样可以进行光合作用。

35亿年前的地球，大气中的含氧量非常低，而蓝藻光合作用使得大气的氧气含量逐渐上升，二氧化碳的含量不断下降。大家都知道，二氧化碳是一种很重要的温室气体，二氧化碳含量的降低也使得地球表面温度逐渐降低，让地球形成后相当长一段时期里的表面的高温环境得到了改善。光合作用释放氧气的另一个作用是促使臭氧层的形成，这对于隔绝对生物有很大伤害的紫外线具有很重要的意义。

由于蓝藻对地球表面生态环境的改造，地球表面环境越来越适合生物生存，在大约6.3亿年前，最早的多细胞植物出现了。这时的植物主要是一些藻类，生存于浅海。这些植物界的先驱分子发现于我国安徽省的蓝田县，它们就是现在遍布世界的植物的祖先。

在藻类植物出现以后，植物的演化发展一直没有脱离水环境。寒武纪、奥陶纪时，海洋的生物种类已经非常丰富，但与之形成鲜明对比的是，当时的陆地上完全是一片死气沉沉的景象，没有生物活动。陆地上的单调景象一直持续到大约4亿年前。

在志留纪晚期，植物开始尝试向陆地转移，最早的高级植物——库克森蕨出现了。库克森蕨属于原蕨类，这是最原始的一类高等植物，它们的出现标志着植物发生了革命性的演化：出现了一种称作“维管束”的结构，这是从根到枝末梢贯穿植物体的一系列承担支持和运输功能的结构。维管束彼此交织连接形成维管系统，使植物具备了摆脱重力束缚，挺立在陆地上的能力，可以不再依赖水的浮力；同时维管系统也使植物能够强有力地吸收、输送营养物质；而且维管系统外层形成坚韧的韧皮部，可以保护植物内部不受紫外线的影响，同时防止自身水分的流失。正是有了适应陆地生活条件的身体结构，植物逐渐开始向陆地转移并在泥盆纪时逐渐分散开来。但相比于后来的维管植物，原

工蕨化石

蕨类没有真正的根，只有起固定作用的假根，也没有形成叶，茎部非常细弱。我国最早的植物化石发现于新疆北部的志留纪晚期地层，包括库克森蕨等原蕨类植物。到泥盆纪早期时，植物仍以原始的原蕨类为主。我国这一时期的植物化石主要发现于云南，包括曲靖、文山的泥盆纪早期地层中的裸蕨、工蕨、镰蕨、穗蕨等。

从泥盆纪中期开始，更高级的植物类群开始出现，当时比较常见的植物类群为石松类和节蕨类。和原始的原蕨类相比，它们有了真正的根茎叶的分化，其中石松已经长得很高，成为了最早的乔木。从泥盆纪到石炭纪，石松最高甚至可以达到40米。我国石松类化石非常丰富，甘肃、宁夏、陕西、山西、河南、云南、江苏都有非常多的化石发现，包括亚鳞木、拟鳞木、鳞木、华夏木等。相比高大的石松类，节蕨类植物多为生活在水边的草本或藤本植物，最大的特点是茎秆分成一节一节的，每两节的连接处都有一环叶子。从泥盆纪一直到今天，节蕨类的生活习性和形态特征都没有发生太大的变化，主要化石包括木贼、新芦木、瓣轮叶、芦木等。

石松类和节蕨类虽然较原蕨类已经有很大的进步，但它们的叶子结构非常简单，只具有一根叶脉。石炭纪时期，一种新型的植物出现了，它们拥有非常大的叶片，叶子具有一根主脉和沿主脉对称分布的多重次脉，一片叶子分成了多个小叶，就像鸟类的羽毛，因此被称为羽状复叶。在石炭纪和二叠纪早期，地球的气候非常炎热而潮湿，具有较大叶子的真蕨类逐渐取代石松类成为陆地植物的主要类群，它们演化出了高达数十米的乔木。

在那段时期，陆地植物空前繁盛，地球大气含氧量也较现在高出不少，陆地气候大幅改善，适宜动物生存，因而脊椎动物和无脊椎动物先后登上陆地开始了新的演化道路。那时的真蕨森林中，有翼展长达75厘米的巨大蜻蜓飞行觅食，在森林底部，林蜥等原始爬行动物和两栖动物在树丛间穿梭。真蕨类化石遍布我国各地，主要包括似拖第蕨、拟丹尼蕨、网叶蕨、锥叶蕨等。

在真蕨类植物繁盛的同时，另一类植物也悄悄地开始了它们的演化。原蕨类、石松类、真蕨类它们都有一个共同特点，即依靠生殖叶上孢子囊里的孢子进行繁殖。孢子是一个细胞，由于没有外壳保护，非常脆弱，在气候不适宜时很容易死亡。

而此时出现的另一种植物称为种子植物，它们的种子有坚韧的种皮保护，在气候不适宜时可以进入休眠模式，直到气候适宜时再破土发芽。二叠纪中期时，地球几大板块连接形成一整块大陆，广大的内陆地区缺少雨水的滋润而变得干旱，而地球的温度此时也有所下降。面对不利的气候条件，种子植物在繁殖上的优势使得它们取代真蕨植物成为二叠纪中期到中生代陆地植物的主宰。

最古老的种子植物称为种子蕨类，它们的叶片与真蕨类几乎一模一样，难以区别，但它们是用种子繁殖而非孢子。大羽羊齿类就是二叠纪时我国最常见的一类种子蕨植物。而到中生代时，陆地上的植物主要是银杏类、松柏类和苏铁类。其中一些珍贵类群，比如松柏类的水杉、水松，以及银杏类的银杏，从中生代一直生存到了今天，几乎没有任何变化。通过研究这几种植物在地球历史上的地理分布范围的变化，再与它们现在分布范围的气候条件对比，我们可以大致了解地球温度的变化趋势。

在白垩纪早期的我国辽西地区，出现了另一种奇特的植物——古果，它标志着植物界最进步的类群——被子植物拉开了演化序幕。银杏类、松柏类和苏铁类等的种子是裸露在外的，就像我们吃的松子，不像苹果、桃一样外面还有一层果肉包裹。除此之外，其种子是由胚珠受精后发育而成的，在裸子植物中胚珠是直接裸露在外，而被子植物的胚珠为心皮所包裹，这样的结构可以有效避免未发育的种子被其他动物破坏。而且被子植物具有真正的花，因此又称为有花植物，被子植物可以吸引昆虫作为传播花粉的媒介，相对于裸子植物用风传播花粉的方式有更高的效率。古果的胚珠已经有心皮保护，但还没有真正的花瓣，类似现代水生被子植物。

这些白垩纪早期在种子植物的角落里安静生长的植物于白垩纪中期迅速崛起，到新生代已经成为植物界的主宰并延续至今。我们吃的蔬菜水果，养的花草树木，几乎全部是被子植物，它们完全融入了我们人类的发展历史，是我们人类的好朋友和好帮手。

第十二章

龙腾华夏

——中国著名的恐龙

在博物馆里，恐龙化石往往是最受欢迎的展品之一。恐龙最早出现于2.43亿年前的三叠纪中期，在侏罗纪和白垩纪达到全盛，于白垩纪末期灭绝，生存时间超过1.7亿年，与之相比，人类演化的时间只有700万年，是极短的一瞬间。

所有的恐龙可根据腰带的形状分为两大类：一类称为蜥臀类恐龙，耻骨指向前方（部分类群指向后方），无耻骨前突；另一类称为鸟臀类恐龙，耻骨全部指向后方，而且耻骨前方有一个大的耻骨前突。

蜥臀类恐龙又可以细分为两类：兽脚类恐龙，前肢较短，牙齿和爪锐利，多数种类为凶猛的食肉动物，也有一些种类是杂食性或植食性；蜥脚类恐龙，身体庞大，脖子和尾巴都很长，头小，为大型的植食性恐龙。

鸟臀类恐龙全部为植食性恐龙，又可再细分为五个类群：鸟脚类恐龙，后足有三个主要的脚趾，体形变化较大，从不到1米到18米的种类都有；角龙类恐龙，很多种类头上有各种形状的角，脖子上还形成一个骨披（颈盾）；肿头龙类恐龙，头骨顶部非常厚，高高隆起；剑龙类恐龙，头非常小，身体背部有两列骨板，尾巴末端具防身用的骨刺；甲龙类恐龙，身体头部、背部均被骨甲、骨刺覆盖，有如坦克一般，有的类群在尾巴末端还有尾锤。

现在我国已经发现超过150个属的恐龙，是当之无愧的恐龙第一大国。但是由于宣传力度不够，导致中国恐龙的知名度远远低于发现于其他国家的霸王龙、三角龙、剑龙、雷龙等。其实我国发现了许多非常有意思的恐龙，现在我们将给大家介绍一些我国恐龙中的明星，增加读者对中国恐龙的了解。

许氏禄丰龙

许氏禄丰龙是一种原始的蜥脚类恐龙，化石发现于我国云南禄丰的侏罗纪早期地层。与后来庞大的蜥脚类恐龙相比，许氏禄丰龙体形较小，只有6米长，前肢也较短。许氏禄丰龙是第一种由我国古生物学家自己挖掘，自己研究，自己命名的恐龙。1938年，残暴的日军侵占了我国华北华东广大地区，我国很多科学家被迫转移到西南地区继续工作。在日军飞机不时轰炸的恶劣环境下，杨锺健等老一辈古生物学家发扬艰苦奋斗的精神，在云南禄丰发现并研究了包括许氏禄丰龙在内的大量恐龙化石。1941年，在当时战火中的陪都（首都以外另设的副都）重庆举办了中国历史上第一次恐龙化石展，许氏禄丰龙化石则是其中最亮眼的展品，大大振奋了中华民族的斗志。

合川马门溪龙

合川马门溪龙是一种大型蜥脚类恐龙，于侏罗纪晚期时生存于我国重庆合川、四川自贡以及甘肃永登。合川马门溪龙最大的特点是超长的脖子，身体全长约22米，脖子长度接近全长的一半。合川马门溪龙的另一个特点是尾巴末端具有一个尾锤，可用于抵抗肉食性恐龙。在同时期的地层中发现的大型食肉恐龙和中华盗龙的肩胛骨有被击打受伤的痕迹，很可能就是被合川马门溪龙的尾锤击打的。

赫氏近鸟龙

赫氏近鸟龙是一种体形非常小的兽脚类恐龙，体长只有50厘米左右。化石发现于我国辽宁建昌的侏罗纪中期地层。赫氏近鸟龙的化石保存了非常精美的羽毛，前肢和后肢均具有和鸟类一样的飞羽，这使得它们有了四个“翅膀”。但它的羽毛和会飞的鸟类相比还比较原始，羽毛左右对称，而且较短，因此赫氏近鸟龙还不能利用这两对“翅膀”飞行。赫氏近鸟龙是目前为止发现的最早的带羽毛恐龙（1.6亿年前），比德

赫氏近鸟龙复原图

国的始祖鸟还要古老。我们通过观察赫氏近鸟龙可以推测恐龙是如何演化成鸟类的：一部分兽脚类恐龙在侏罗纪时期个体变小，前肢变长，演化出了飞羽。这部分恐龙在这条演化路上继续前行，最后演化成了鸟类飞上天空，并存活至今。

顾氏小盗龙

顾氏小盗龙化石

顾氏小盗龙是一种小型兽脚类恐龙，体长约70厘米。它的化石发现于我国辽宁西部的白垩纪早期地层。顾氏小盗龙具有弯曲的爪子和强壮的前肢，很可能是一种栖息于树上的恐龙。和赫氏近鸟龙一样，顾氏小盗龙也具有四个“翅膀”，但它“翅膀”的羽毛更长，而且不对称。

古生物学家通过研究证明，虽然顾氏小盗龙不能利用这些羽毛飞行，但它们可以利用这些羽毛在树木间进行远距离的滑翔。在漫长的演化过程中，恐龙的滑翔能力逐渐改善，最终形成了鸟类的飞行能力。

奇翼龙

奇翼龙是非常奇特的小型兽脚类恐龙。它身披羽毛，也有翅膀，但与其他带羽毛的恐龙以及鸟类的羽毛翅膀不同，奇翼龙的翅膀是皮膜组成的，这与翼龙、蝙蝠是一样的。为了支撑翼膜，奇翼龙的第三根手指非常长，手腕部也有一块腕骨伸长。除了翼膜的翅膀，奇翼龙的头骨也很奇特，只有嘴的最前部才有四对牙齿而且向前倾斜。这种会滑翔的小恐龙生存于侏罗纪中期的河北北部。

华丽羽王龙

白垩纪早期时，我国辽宁西部生存着大量长有羽毛的恐龙，大多数是一些体长1米左右的小恐龙，但华丽羽王龙却是其中的一个“异类”，体形庞大，体长达9米，重约1.5吨，它也是目前为止发现的最大的长有羽毛的恐龙。凶猛的华丽羽王龙是与它同时代的其他恐龙的噩梦，它与著名的霸王龙有很近的亲缘关系，一样有满嘴锋利的牙齿，但与后者不同，它的前肢长有三根手指。与顾氏小盗龙以及鸟类的飞羽不同，华丽羽王龙的羽毛结构较简单，不具羽轴和羽片，明显不能用于飞行。那这些羽毛有什么用呢？古生物学家推测这些羽毛很可能是用来保暖的。一般情况下，动物体形越大，保持体温恒定的能力就越强，这就是体形小的老鼠毛发浓密而大象毛发稀疏的原因。那为什么这么庞大的华丽羽王龙也会长有满身的羽毛呢？地质学家通过研究认为，白垩纪早期时，地球有一段气温较低的时期，恐龙为了抵御严寒，纷纷披满浓密的羽毛，就像几万年前的猛犸象那样。

棘鼻青岛龙

棘鼻青岛龙属于鸟脚类恐龙中一类称为鸭嘴龙类的恐龙，因为嘴巴扁平与鸭子嘴相似而得名。鸭嘴龙可分为两大类，一类头部大多扁平，另一类头骨上有各种中空的头饰，棘鼻青岛龙就属于后一类鸭嘴龙，它的头顶有一根指向斜前方的头饰，犹如独角兽。不过对棘鼻青岛龙的头饰学界还存有争议，有的古生物学家认为这一头饰是错位的其他骨头，并不是棘鼻青岛龙的头饰，其头饰的真实状态还有待新的化石出现。棘鼻青岛龙长约6米，生存于白垩纪晚期的山东莱阳，是中华人民共和国成立后由我国古生物学家挖掘研究的第一种恐龙。

巨型山东龙

巨型山东龙和棘鼻青岛龙一样属于鸭嘴龙类，但属于头部扁平的一类。巨型山东龙是目前已知世界最大的鸭嘴龙类，长达15~18米，体重数十吨。以巨型山东龙为代表的鸭嘴龙类嘴里长有数百枚牙齿，形成宽阔的磨蚀面，可以轻松磨碎任何坚韧的植物。巨型山东龙发现于山东诸城的白垩纪晚期地层，该地区也曾先后发现过更庞大的巨大诸城龙和巨大华夏龙，但后来的研究成果显示它们其实都是巨型山东龙的大型个体。

太白华阳龙

看过《侏罗纪公园2——迷失的世界》的读者会对其中的剑龙印象深刻。剑龙是剑龙类的代表物种，这类恐龙在侏罗纪晚期达到极盛，但它们的起源一直不是很清楚。太白华阳龙的出现是解决这一问题的关键，它发现于四川自贡的侏罗纪中期地层，是目前发现最早的剑龙类，即最原始的剑龙类，它证明了剑龙类起源于侏罗纪中期的中国四川，并从这里扩散到世界各地。太白华阳龙体长约4米，背上有两排对称排列的骨板，前肢与后肢长度近等，尾巴末端有两对锋利的尖刺，两侧肩部还各有一根长刺用以保护体侧。

孔子天宇龙

孔子天宇龙体长约70厘米，生存于侏罗纪中期的辽宁建昌，是一类小型鸟脚类恐龙。非常有意思的是孔子天宇龙的身上覆盖着羽毛，过去人们一直认为只有部分兽脚类恐龙才有羽毛，而孔子天宇龙的发现打破了这一认识，证明鸟臀类恐龙可能同样具有羽毛，羽毛可能早在三叠纪恐龙刚出现时就已经具备了。

如今全世界对恐龙的研究发展都非常快，已经推翻了过去对恐龙的许多认识，但由于相关科普还有欠缺，公众接收的一些恐龙知识往往是过时的，甚至是错误的。

误：鸭嘴龙、霸王龙等恐龙可以用三脚架的姿势站立，疲劳时坐在尾巴上休息。

正：鸭嘴龙、霸王龙这些可以用两足行走的恐龙在运动时身体与地面是平行的，只有这样才能保持身体平衡。至于坐在尾巴上就更不可能了，大家可以发现鸭嘴龙、霸王龙的尾巴底部有一排向下突起的骨头，这些叫脉弧，如果它们坐在尾巴上，毫无疑问，它们数吨的体重将压断这些细长的骨头。那为什么袋鼠可以坐在尾巴上呢？袋鼠尾巴上的脉弧是极短的，它们粗大的尾巴几乎都是由肌肉组成，因此不用担心骨折的问题。

误：大型蜥脚类恐龙可以像天鹅那样弯曲，并抬起它们长长的脖子去吃高处的树叶。

正：首先明确一点，很多长有长脖子的蜥脚类恐龙都有很长的颈肋，这些颈肋会限制脖子的弯曲，使它们的长脖子显得很僵直。至于蜥脚类恐龙能把它们的脖子抬多高，目前还存在争议，像腕龙及长颈巨龙那样的蜥脚类可以把头抬离地面十几米。

误：目前我们对恐龙颜色的复原是完全建立在对现生动物观察上的想象。

正：虽然对于大部分恐龙的颜色复原我们确实是想象的，但现在有一些恐龙的颜色是可以科学地准确地复原的。我们在小盗龙、近鸟龙以及中华龙鸟化石中保存下来的碳化羽毛上发现了黑色素体，在鸟类中黑色素体决定鸟类羽毛的颜色。通过将这些恐龙的黑色素体与现代各种颜色的鸟类羽毛比对，我们就可以确认它们的颜色。

误：霸王龙是最大的食肉恐龙，由于它体形笨重，无法快跑，所以只能用庞大的体形去吓跑其他掠食者，抢夺它们的食物。

正：首先，霸王龙现在已经不是最大的食肉恐龙了，目前我们发现的最大的食肉恐龙是棘龙，体长有18米左右，而霸王龙体长为13米。另外霸王龙捕猎的证据已不只一次被发现，在鸭嘴龙类埃德蒙顿龙以及三角龙的骨骼上均发现被霸王龙咬伤后愈合的痕迹，证明霸王龙曾经试图捕食它们但被它们逃脱了。成年霸王龙确实无法快速奔跑，但它们的行动速度很可能比与它们生活在同一地区的鸭嘴龙类要快一些，不用跑太快，比猎物快就足够了，不是吗？

误：肿头龙会像山羊那样，用厚实的头骨互相撞击以赢得交配权。

正：举一个简单的例子，两个足球面对面滚是很难正中相碰的。同样，两头肿头龙选择头撞头的话，最有可能的结果是两头恐龙的脑袋擦边而过然后双双摔伤，而且肿头龙的颈椎是“S”形的，根本无法像过去认为的那样，形成头顶、颈椎、脊椎一条直线的结构。那么它们厚重的头骨有什么用呢？可能还是用于争夺交配权，只是争斗的方式可能是从侧面攻击对方的肩部。

第十三章

阿凡达的宠儿

——翼龙的起源及中国著名的翼龙化石

在2014年上映的《侏罗纪世界》中，漫天飞舞的翼龙一定给很多观众留下了深刻的印象。很多与恐龙相关的影视作品中都少不了翼龙的身影，在《恐龙王国》中甚至有一支驾驭翼龙的空中骑兵，这些影视作品让很多观众认识了翼龙，却也让对古生物了解不多的观众产生了许多对翼龙的误解。

首先，虽然翼龙名字里有“龙”，与恐龙生存于同一时代，并且有非常庞大的体形，但翼龙并不是恐龙，而是一类会飞的爬行动物，与恐龙有很近的亲缘关系。翼龙的翅膀不同于鸟类的翅膀，并没有羽毛，而是由身体侧面长出的皮膜一直延伸到极度拉长的手部第四指（相当于我们的无名指）形成的，乍一看有些类似蝙蝠，但蝙蝠的翼膜由内部四根手指所支撑，而翼龙的翼膜是由弹性纤维和硬纤维支撑的。如果说蝙蝠的翅膀像戴了副手套，那翼龙的翅膀就像是撑了把伞。

另一个受影视作品误导的观念是翼龙能够携带人类飞行。实际上翼龙的身体结构为了适应飞行而发生了许多变化，比如因为飞行消耗能量较大，它们具有较高的新陈代谢水平；胸骨像鸟类一样具有龙骨突等；翼龙的骨骼变得中空，骨壁变薄，和现在的鸟类很像。因此翼龙的体重是很轻的，就比如电影里常见的无齿翼龙，翅膀完全展开后翼展长度可达7米，但体重只有20公斤左右。这样的体重带起一个十岁左右的小孩都勉强，更不要说像《恐龙王国》里那样驮着成年人在空中飞了。

目前翼龙最早的化石记录出现在三叠纪晚期，这种奇特的爬行动物的起源还是一个谜，也许是三叠纪的一些小型爬行动物为了躲避掠食者而选择在树上栖息，一些类群在前后肢之间演化出了皮膜，得以在树与树之间做较长距离的跳跃，随着前肢第四指的伸长，皮膜面积越来越大，最早的翼龙也就出现了。

翼龙传统上可分为两大类群，较原始的喙嘴龙类和较进步的翼手龙类。喙嘴龙类头骨鼻孔与眶前孔分离，飞行时头与脊椎成一条直线，掌骨短，脚上第五趾很长，有一根非常长的尾巴。翼手龙类鼻孔和眶前孔融合成鼻眶前孔，飞行时头骨向下倾斜，掌骨长，第五根脚趾很短，尾巴非常短。

翼龙和其他大部分爬行动物一样，繁殖时也是生蛋的。2004年，世界上第一枚翼龙蛋化石发现于我国辽宁义县，蛋里甚至还保存了翼龙胚胎，之后在新疆哈密，我国古生物学家汪筱林等发现了多个三维立体保存的翼龙蛋化石。翼龙蛋与恐龙蛋、鸟蛋不同，蛋壳并不坚硬，而是像蛇蛋那样的革质蛋。对翼龙胚胎化石和幼年翼龙化石的研究显示，翼龙在破壳不久就具备了飞行能力，也就是说，小翼龙可能一出生就可以独立生活，在影视作品中所常见的翼龙父母筑巢抚育小翼龙的画面在中生代可能并不存在。

我国第一次发现的翼龙化石是在1951年山东莱阳发现的翼龙指骨化石。到如今我国已有九个省份有翼龙化石报道，其中以辽宁西部、河北北部、内蒙古宁城一带热河生物群和燕辽生物群的翼龙化石最为丰富。（燕辽生物群是侏罗纪陆相生物群，时间早于热河生物群，分布范围比热河生物群小。）我国翼龙有数十个属种先后被命名，是世界上当之无愧的翼龙大国，其中许多翼龙属种有非常重要的科研意义，成为国际翼龙研究领域中的“明星”。

悟空翼龙生存于侏罗纪中期的我国辽宁建昌，名字来源就是《西游记》里腾云驾雾的孙悟空，是我国最著名的翼龙之一。悟空翼龙的头骨和翼手龙类的形状非常相似，鼻孔已经和眶前孔融合在一起，飞行时头也不再和身体处于同一直线而是倾斜地指向下方，这么看来悟空翼龙应该是属于翼手龙类？那你就大错特错了，除了头部之外，悟空翼龙的所有特征都和喙嘴龙类是一样的，掌骨非常短，第五根脚趾很长，以及一根用于飞行时保持平衡的长尾巴等。这种脑袋像翼手龙类，身子却还是喙嘴龙类的翼龙，其实是喙嘴龙类向翼手龙类演化的一种过渡生物。通过悟空翼龙大家可以认识到，生物的演化有时不是一蹴而就的，身体不同部分的演化速度可能是不一致的。

和悟空翼龙一样处于两大类翼龙过渡期的翼龙还有达

尔文翼龙、鲲鹏翼龙，都发现于我国辽宁、河北和内蒙古的侏罗纪中期地层，古生物学家把这些翼龙归为一类，称为悟空翼龙类。

我们见到的大部分翼龙形象都长着一张长长的尖尖的嘴巴，但偏偏有一类翼龙它们的嘴巴很短，而且很宽，就像青蛙一样，因此被称作蛙嘴龙类，它们也是最原始的翼龙之一。很有意思的是，虽然蛙嘴龙属于原始的喙嘴龙类，但是它们的尾巴却是非常短的，和翼手龙类一样，原始的翼龙却长着进步的尾巴，这是怎么回事？这个问题直到21世纪随着中国的翼龙化石被发现而解决。我国内蒙古、辽宁、河北先后发现了多种蛙嘴龙类，包括热河翼龙和树翼龙。热河翼龙和其他蛙嘴龙类一样，尾巴非常短；而树翼龙却发现有很长的尾巴，尾巴形态与其他喙嘴龙类基本一致。蛙嘴龙类怎么有长尾巴的，又有短尾巴的呢？原来一开始的蛙嘴龙类和别的喙嘴龙类一样，都是长尾巴，后来有一些成员的尾巴逐渐退化消失了。

我国新疆维吾尔自治区是一个三山夹两盆的地形，气候干旱，沙漠广布，而在白垩纪早期时，这里则是另一番景象，水草丰美，气候宜人。一亿多年沧海桑田的地壳运动终于把这些场景定格在地层中，而就在准噶尔盆地的白垩纪早期地层中，发现了中国第一具完整的翼龙化石——准噶尔翼龙。准噶尔翼龙翼展长3米以上，它最有意思的

特征是它的牙齿，长长的嘴巴最前部没有牙齿，后部却有牙齿，而且嘴的最前部

准噶尔翼龙复原想象图

还微微上翘，这使它的嘴很像一把钳子，当发现猎物时就用钳子一样的嘴死死钳住猎物，然后一仰头，用后边锋利的牙齿磨碎猎物。准噶尔翼龙的另一个显著特征是它的头饰，从头骨中部隆起一个薄的脊冠，一直延伸到头骨最后形成一个短的突起。

刚才提到的准噶尔翼龙头上长有奇特的头饰，其实很多翼龙头上都有各式各样的头饰，如我国的中国翼龙、辽宁翼龙、鬼龙等。这些头饰有什么用呢？有一些翼龙的头饰非常大，是用来在飞行时保持身体平衡的，比如北美的夜翼龙、无齿翼龙。但我国这些翼龙的头饰都比较小，对飞行明显起不到什么影响。这个问题终于在2014年得到了解答，在我国新疆哈密的白垩纪早期地层中发现了一种命名为哈密翼龙的翼手龙类。这种翼龙的化石数量非常多，而且很明显有两种头饰形态：一种脊冠长，而且前部向前上方弯曲；另一种脊冠较短，也较平滑。一种翼龙怎么具有两种形态的脊冠？古生物学家推测这两种形态的脊冠代表了两种不同的性别，脊冠长的是雄性、脊冠小的是雌性。就像今天的雄孔雀有漂亮的尾巴（尾上覆羽）一样，

雄性哈密翼龙可能也用它们漂亮的头饰来吸引雌性翼龙的注意。这一发现证明了很多翼龙的头饰很可能是用来展示以吸引异性的。

翼龙的头饰有多种多样的形态，大多数长在上颌或头顶，少数长在上下颌的嘴尖处。但是也有一种翼龙例外，它的头饰只长在下颌的前部，头顶却十分平滑没有任何头饰。这种头骨形态很像电影《阿凡达》里会飞的生物伊卡兰，于是这种翼龙就被命名为伊卡兰翼龙。伊卡兰翼龙发现于我国辽宁建昌的白垩纪早期地层，是一种翼展约2.5米的翼手龙类。

翼龙是一种神奇的生物，它们的翅膀是由第几指撑起来的？相当于我们人类的哪根手指？它们又是怎么繁殖后代的？我国的翼龙种类繁多，有哪些代表的种类？好好想一想，并在书中寻找答案吧！

第十四章

大雄的宠物不是恐龙

——海生爬行动物

哆啦A梦是最受欢迎的日本动画形象之一。2006年，哆啦A梦长篇电影《大雄的恐龙》席卷日本、中国等国家。影片里大雄和一只名为皮皮的“恐龙”从相见到分别的故事感动了无数观众，而电影里白垩纪的惊险剧情也让观众大呼过瘾。细心的读者可能发现了，我在提到大雄的“恐龙”时用了引号，这是因为其实这只皮皮所代表的双叶铃木龙其实根本不是恐龙，而是一种与恐龙同时期，生活在海洋的爬行动物。

在恐龙统治地球的中生代，有许多爬行动物也被用“龙”命名，其实它们都不是恐龙，这些动物除了会飞的翼龙之外，大部分都生存在海洋中，包括鱼龙类、鳍龙类、沧龙类等。为了适应游泳，就像哺乳类的鲸和海豚一样，它们演化出了适应海洋生活的身体和四肢，成为海洋中可怕的猎手。

在所有海洋爬行动物中，鱼龙类是最为神奇的一种，它们的身体为适应游泳发生了许多有趣的演化，身体就像海豚一样变成流线型，四肢变为鳍状，背部演化出了背鳍，尾椎弯曲形成新月形的尾鳍。鱼龙类的身体形态非常适合游泳，据估计，有些鱼龙类的游泳速度最快可达每小时四十公里，速度堪比世界男子百米纪录。它们细长的吻部既有利于减小水的阻力，也可以在捕食时抓住快速逃离的鱼类或箭石（形似乌贼的海生动物）等。有一种侏罗纪的鱼龙类称为真鼻龙，上颌显著伸长远远超出下颌，有点像现在的旗鱼。真鼻龙可能会用锋利的上颌攻击鱼群，对它们造成巨大的杀伤。为了提高在海洋中搜寻猎物的效率，很多鱼龙类都有很大的眼睛，有一种称为大眼鱼龙的，体长不过5米而眼眶直径竟有10厘米，是所有脊椎动物中眼睛占身体比例最大的。大多数鱼龙类体长在2~7米，但在三叠纪时有一类萨斯特鱼龙，体长有10米以上，最长的肖尼龙可达15米。

鱼龙类这种奇特的爬行动物是怎么演化出来的呢？这个问题困扰了古生物学家相当长的时间，直到许多来自中国的原始鱼龙类化石被发现。

最早的鱼龙类是一种称为南漳龙的爬行动物，南漳龙发现于湖北，它们的吻部还没有伸长，四肢已经向鳍方向演化但还保留有爪子，尾巴细长以推进游泳，并没有形成尾鳍。古生物学家推测南漳龙可能已经有了一定的水生习性，并适应水陆两栖生活。鱼龙类演化的下一个阶段为短吻龙，这是一种发现于安徽巢湖的鱼龙类，四肢已经完全变为鳍状，但与其他所有的鱼龙类不同，它的前肢可以向后翻转，就像今天的海狮、海象，这种可翻转的前肢以及较短的吻部，说明短吻龙还保留了陆生的习性，还没有达到纯水生的习性。在短吻龙之后，鱼龙类完全进入水中生存，这些原始鱼龙类以混鱼龙为代表，混鱼龙分布广泛，包括欧洲和我国贵州、安徽等地均有发现。混鱼龙鳍状的四肢和细长的嘴已经和后来的高级鱼龙类很相似，但混鱼龙的尾巴比较直，还没有形成支撑尾鳍的尾弯，背鳍也没有形成。

鱼龙类在三叠纪晚期体形开始巨大化，前文所提到的萨斯特鱼龙类，它们仍没有形成背鳍，但尾巴已经开始下弯，出现了尾鳍，不过它们的尾鳍不对称，下叶明显大于上叶。真正的典型鱼龙类在侏罗纪出现，从白垩纪开始鱼龙类迅速衰落，只有一种平鳍龙坚持到白垩纪晚期灭绝。

鳍龙类是另一种中生代极其繁盛的海洋爬行动物，种类繁多，体型变化极大。比较原始的鳍龙类是一类称为盾齿龙类的海洋爬行动物，它们大部分四肢较短，游泳能力较弱，主要在海底爬行，运动方式可能类似今天的海牛。盾齿龙类以贝壳、海螺等为食，为了打破坚硬的贝壳，盾齿龙类的牙齿粗壮而圆钝，这也是它们名字的由来。盾齿龙类一般背上长有骨甲以自卫，而有一类盾齿龙类骨甲极其发达，覆盖整个背部，有些像龟类，因而被称为龟龙。盾齿龙类出现于三叠纪，一直没有兴盛起来，直到三叠纪末灭绝。

鳍龙类的其他类群则向着另一个方向演化，它们的脖子越来越长，牙齿尖锐。最早的代表是肿肋龙类和幻龙类，它们的四肢上还保留有爪子，个体较小，可能以小鱼小虾为食。这两类鳍龙在我国贵州发现很多，以肿肋龙类的贵州龙最为著名。纯信龙类是比它们更高级一些的鳍龙类，已经有了较长的脖子，但肩带和腰带与后来的蛇颈龙类比还十分原始，游泳能力较弱。纯信龙类的一支在侏罗纪时期最终演化到了鳍龙类的巅峰——蛇颈龙类。

贵州龙化石

蛇颈龙类顾名思义，脖子十分细长就像蛇一样，上面顶着一个小脑袋。但与常见的复原图相反，蛇颈龙类脖子的各颈椎之间彼此活动范围极小，也就意味着它们的脖子实际上是几乎僵直的，难以弯曲的，它们也就不可能像我们过去认为的那样高高抬起脖子在海面巡游。因此“尼斯湖水怪”的著名照片即使不是伪造的，照片中的动物也不可能是蛇颈龙，因为蛇颈龙的脖子根本抬不起来。

那么蛇颈龙类这么长的脖子有什么作用呢？蛇颈龙类的肩带、腰带腹侧的骨头非常发达，因此，它们虽然没有鱼龙类那样完美的流线型身体，但拥有很强的短距离爆发游泳能力。当它们冲向猎物时，由于头小，脖子很长，当头部接近猎物时，庞大的身躯离猎物还有一定距离，不容易引起猎物的注意。到白垩纪晚期，蛇颈龙类演化到极致，薄板龙体长达12米，脖子占全长一半以上，颈椎多达73节。

蛇颈龙类以脖子长如蛇而得名，然而还有一支蛇颈龙类反其道而行之，脖子很短而头很长，这一类蛇颈龙称为上龙类。它们的生活方式可能与拥有长脖子的蛇颈龙类不同，而更接近鱼龙类，用鳍状肢快速游泳以抓捕猎物。上龙类的一些类群体形庞大，如短颈龙体长可达10米以上。最著名的上龙类是英国广播公司（BBC）的纪录片《与恐龙同行》里的平滑侧齿龙，片子里称平滑侧齿龙体长可达25米，体重150吨，实际上纪录片里的尺寸来源是一块被误鉴定为平滑侧齿龙的蜥脚类化石，现在估计平滑侧齿龙全长不足10米。

我国也有上龙类的化石发现，包括侏罗纪早期生存于四川璧山的璧山上龙和侏罗纪中期生存于重庆的渝州上龙，两种上龙类体长为4米左右，都是生存于淡水湖泊的蛇颈龙类。上龙类的食性很杂，不仅捕食鱼类，还可能捕食鱼龙类甚至其他蛇颈龙类。蛇颈龙类从侏罗纪早期出现一直繁盛到白垩纪末灭绝。

从侏罗纪晚期开始，除了鱼龙类、蛇颈龙类之外，还有一类爬行动物也悄然下水开始了新的演化历程，这就是沧龙类。虽然都是海洋爬行动物，但沧龙类与蛇颈龙类、鱼龙类亲缘关系较远，它们是由蜥蜴的一支演化而来的，并迅速适应了海洋生活。与蛇颈龙类和鱼龙类相比，沧龙类脊椎柔韧性更好，游泳主要通过身体扭动来获得动力，这种游泳方式不利于长距离快速游泳，但有利于短距离冲刺。沧龙类的四肢特化为鳍状，尾巴侧扁，甚至有些晚期类群出现了尾鳍，这些适应水生生活的特征使沧龙类迅速成为白垩纪海洋的霸主。沧龙类中体形最大者，如海诺龙，体长可在15米以上。多数沧龙牙齿呈圆锥状，像钉子一样，可以有效咬紧猎物，防止猎物逃脱。沧龙类中也有一些例外，比如球齿龙，它们嘴前部的牙齿为比较钝的圆锥形，中后部牙齿呈球状，和盾齿龙的牙齿倒是有些相像，这种牙齿不再是用于捕猎快速运动的动物，而是用于夹碎有硬壳动物的外壳。因此，球齿龙可能是一种在海底缓慢移游的动物，主要以贝类、虾蟹等为食。

除了上面提到的这些动物以外，中生代还有其他的一些海洋爬行动物，虽然不繁盛，但也曾经在生态位中占据着一定的位置。

海龙类是一种生存于三叠纪的海洋爬行动物，具有较长的脖子、尾巴和吻部，它们四肢较短，未形成鳍状肢，指间可能有蹼以辅助游泳。海龙类主要分布于欧洲和北美西部，在我国贵州，它们的化石也很丰富，种类繁多，包括安顺龙和凹棘龙等。

三叠纪还存在一种海洋爬行动物——长颈龙类，其特点是脖子超过体长的一半，和尾巴一起占到身体的全长四分之一。长颈龙类的四肢并未特化为鳍状，所以游泳能力很差，而它们的长脖子被细长的颈肋锁死，基本是僵直的，很难做大角度的弯曲。那么这种怪异的动物是怎么捕猎的呢？长颈龙类可能是用一种类似吸尘器的方式捕猎的，发现猎物时快速把脖子伸出将猎物吸入口中。长颈龙类的化石主要发现于欧洲与中东，我国贵州的恐头龙是它们的近亲。

恐龙及其祖先类群所代表的主龙类，除鳄类外，长期以来被认为全都是陆生动物，但是在三叠纪时期，我国贵州生存着一种称为黔鳄的主龙类，它们的鼻孔接近头骨顶部，肩带宽大呈板状，尾部侧扁，这些特征明显表明它们是生存于水中的爬行动物，但腰带仍保存了陆生动物的特征。这种镶嵌演化现象说明黔鳄可能生存于近海，既可以在海中游泳也可以在陆地上行走。

中生代的海洋危机四伏，充满着各种奇特的海洋爬行动物。鱼龙的外形与哪种动物最为相似？蛇颈龙类都是长脖子的吗？长颈龙类的长脖子是怎么发挥作用的？让我们好好想想并在书中寻找答案吧！

第十五章

“蛋”生希望

——恐龙蛋与恐龙灭绝

在这一章我们要讲述的是恐龙蛋。那么，恐龙蛋里除了会生出恐龙宝宝外还会生出什么呢？本章标题中的“希望”指的又是什么呢？恐龙蛋在古生物学的研究中是浓墨重彩的华丽篇章，恐龙蛋生出的不仅仅是一个个憨态可掬的恐龙宝宝，恐龙蛋生出的更是所有脊椎动物（包括我们人类）的希望！

回顾一下生命登陆的历程

我们生活的这个美丽的蓝色星球至少46亿岁了，在如此漫长的岁月里，它从混沌初开，到生机盎然，期间有过冰封大地，也有过炙热难耐。在浩瀚的宇宙里，地球极为渺小，但它的美丽却令其他星球无以匹敌，因为它有生命。

重温一下前面的章节，我们已经知道在30多亿年前，最初的生命诞生在原始的海洋里，从此生命的演化历程便开始了。从简单的形式，生命一步步顽强地演化出千姿百态的门类；从水生的环境中慢慢演化，生命逐步征服了陆地，进而飞向蓝天。

从海洋向陆地迁徙的生命先驱是植物，紧随其后的是无脊椎动物，而已知在陆地上生活的脊椎动物出现在大约3.6亿年前。从一个熟悉的环境到一个不熟悉的环境，生物面临着最实际的问题就是身体的不适应，也就是我们常说的“水土不服”。在陆地上迁徙尚且有“水土不服”的问题存在，那么脊椎动物把家从海洋里搬到陆地上又会遇到哪些棘手的问题呢？主要问题有三个：呼吸的问题（能否生存）、行走的问题（能否生活）、繁殖的问题（能否存续）。

作为脊椎动物的代表，3.6亿年前登上陆地的两栖动物为脊椎动物开辟了更为广阔的生存空间，陆地的环境比海洋的环境更加复杂多样，有利于脊椎动物的演化。两栖动物很好地解决了呼吸与行走的问题，但由于未能解决好繁殖的问题，它们还不能摆脱水环境的束缚因而不能无拘无束地在陆地上生活。为什么呢？因为两栖动物的卵和鱼卵一样包裹在胶状物里，容易干化，所以两栖动物的卵通常要产在水里，它们的宝宝也要生活在水里。种种限制必然使两栖动物无法长久地在陆地上称雄，陆生脊椎动物的出现也就成为必然。

伟大的羊膜卵

羊膜卵绝不是大家认为的那样难以理解，我们最为熟悉的鸡蛋就是羊膜卵的一种，我们之后要讲的恐龙蛋自然也属于羊膜卵。“羊膜”是蛋内的一层薄膜，它包裹着胚胎，里面有羊水保护着胚胎，使胚胎不怕干燥，能够在陆地上孵化出小宝宝。羊膜卵的出现使脊椎动物彻底摆脱了对水的依赖，大大拓展了脊椎动物的生活范围，它们可以尽情地去征服广袤的陆地。

脊椎动物从5.3亿年前出现在海洋里，到3.6亿年前登上了陆地，期间经历了1.7亿年的漫长演化旅程。从3.6亿年前登陆到3.12亿年前，脊椎动物演化出羊膜卵彻底征服陆地，后来又经历了近5000万年的演化。古生物学研究的对象是化石，目前已知最早的羊膜卵化石就是恐龙蛋化石。下面，让我们一起走进恐龙蛋的世界吧！

初识恐龙蛋

提到恐龙蛋，我们都不陌生，它是恐龙遗留下来的一种遗迹化石。走进博物馆，我们常常能够看到大大小小的恐龙蛋，它们形态各异、色彩纷呈。

从1822年英国的“古生物发烧友”曼特尔医生发现禽龙的牙齿开始计算，我们对恐龙的研究历史至今不足二百年。从1922年美国纽约自然历史博物馆首次证实恐龙产蛋算起，我们对恐龙蛋的研究更是不足百年。

1859年，在法国南部比利牛斯省洛口地区的一位牧师发现了一些蛋化石，这是最早发现恐龙蛋的记录。不过，人们当时并没有确定这些是恐龙的蛋，因为这些蛋与龟鳖类的蛋十分相似，所以被当时的地质学家推断为一种不明爬行动物产的蛋。

1922年以前，科学界一直认为恐龙是胎生而不是卵生，直到美国的中亚考察团在今蒙古国南部发现了一窝完整的蛋化石，人类才第一次证实恐龙是产蛋的动物。

为什么美国人会不远万里来到中国（那时的蒙古属中国管辖）进行科学考察呢？这次具有划时代意义的科学考察其实是源自一个奇思妙想。原来当时的美国古生物学家提出中亚可能是人类和早期哺乳动物的发祥地，于是美国纽约自然历史博物馆的一位动物学家就提出了一个大胆的计划——组织一支考察队到中亚进行科学考察。这位动物学家名叫安德鲁斯，他还是一位探险家，更有人推测他就是《夺宝奇兵》系列影片中主人公琼斯的原型。安德鲁斯是幸运的，中亚考察团是幸运的，他们到达后不久就发现了一窝完整的蛋化石，蛋化石上还趴着被踩碎了头骨的窃蛋龙。

中亚科学考察还发现了原角龙、窃蛋龙、绘龙等新的属种的恐龙化石，还发现了其他爬行动物及早期的哺乳动物的化石。安德鲁斯从此声名鹊起，1934年，安德鲁斯接任了美国纽约自然历史博物馆馆长一职。

1942年，安德鲁斯退休后仍笔耕不辍，一直写作到1960年去世。丰富的探险经历便是他写作的源泉，其中的大量内容记述了他在中亚科考的见闻。

中国恐龙蛋发现研究的历程

早在1921年，日本人在修建“南满铁路”过程中，在辽宁省昌图地区发现了一枚圆形的蛋化石，随后于1928年在南满铁路泉头火车站附近又发现了几枚同样大小的圆形蛋化石（这些标本现存在大连自然博物馆）。日本学者研究推测这可能是一种龟鳖类的蛋，直到1954年，这些蛋化石才被确认是恐龙蛋。

在1950年，山东大学地质系师生在山东莱阳进行地质调查时发现了两枚蛋化石和许多碎蛋壳，这是中国人自己首次发现恐龙蛋。根据这一线索，古生物学家进一步地调查和发掘，不仅采集到保存比较完整的47枚蛋化石及大量的破碎蛋壳，而且还发现了闻名于世的棘鼻青岛龙等完整的恐龙骨架。莱阳恐龙蛋化石的发现，拉开了中国恐龙蛋化石研究的序幕。

20世纪60年代初期，在广东南雄盆地一带发现了大量的恐龙蛋、龟类及新生代早期哺乳动物化石。蛋化石大都是成窝保存，并且数量多，广东南雄成为继山东莱阳之后我国发现的第二个蛋化石最丰富的地点。

20世纪70年代以来，我国的地质古生物学家先后在多个省、自治区发现了许多恐龙蛋化石，特别是广东、江西、湖南、湖北等。这些发现为研究恐龙的繁殖习性和灭绝原因等提供了依据。

目前，中国有41个地点发现了恐龙蛋，其中以河南的西峡、内乡，湖北的郧县为最多。中国是恐龙蛋发现数量和种类最多的国家，截至2013年年底，中国共记述了13个蛋科、29个蛋属、65个蛋种。

恐龙蛋的分类

世界上已发现的众多的恐龙蛋化石，在形态上多种多样，最小的蛋仅几厘米大，最大的蛋长径有70厘米。每每看到恐龙蛋，我们脑海中都会闪过这样的问题：这是哪种恐龙产的呢？这个最常见的问题其实是最难解答的。

蛋化石是如何形成的呢？为了便于理解，我们经常会举腌咸鸭蛋的例子。鸭蛋本身不是咸的，把鸭蛋浸在盐水里（或是把鸭蛋包裹在掺有盐的泥巴里），腌上几周后，因为盐分子通过渗透作用进入鸭蛋里，所以鸭蛋就变咸了。化石的形成过程与此极为相似，古生物的遗体或遗物被埋藏在地下，在地下富含的无机物经年累月的渗透作用下便形成了化石。恐龙蛋在地下至少沉睡了6600万年，恐龙蛋的“腌制”时间如此之长，以致蛋中的卵黄和卵白等有机物被无机物全部替代或置换了，液体已完全流失，只有蛋壳还保留了原来的形状，因此很难通过外形确定它是哪一类恐龙产的蛋。

有的朋友在此会提出质疑，不是有包含胚胎的恐龙蛋吗？既然有胚胎，不就可以知道是哪种恐龙的蛋了嘛！的确，通过对包含胚胎的恐龙蛋进行研究有可能知道是哪种恐龙产的蛋。不过，含恐龙胚胎的蛋在恐龙蛋中十分稀少，在恐龙蛋中发现胚胎的比例平均不超过1/10 000，而且恐龙胚胎、恐龙幼体与成年的恐龙也有很大的区别，在实际鉴定时也难免遇到无法划分的问题。

所以，如何对恐龙蛋进行分类这个问题同样困扰过很多古生物学家。在恐龙蛋研究的初期，他们是根据恐龙蛋化石的形状和蛋壳外表的纹饰来进行分类的，主要有圆形蛋、长形蛋、椭圆形蛋等。随着更多的恐龙蛋化石被发现和显微镜技术被应用到恐龙蛋化石的研究中，这样简单的分类方法显得既不全面又不严谨。目前国际上通用的恐龙蛋化石分类系统是我国古生物学家赵资奎先生在20世纪70年代建立起来的。由此可见，我国不仅是恐龙蛋化石发现最多的国家，更是恐龙蛋化石研究的强国。

恐龙蛋化石研究的科学意义

第一，恐龙蛋化石是古生物学家在发掘中确认地层年代的重要依据。换句话说，发现恐龙蛋化石的地层通常来说是中生代的地层。虽然我们不能确认恐龙蛋化石属于哪类恐龙，但已经能够将恐龙蛋与其他卵生动物的蛋加以区分。恐龙生活在中生代，那么埋藏恐龙蛋的地层就是中生代的地层了。恐龙蛋化石在世界上主要发现于白垩纪地层，尤其是白垩纪晚期，因此它是人类开启地球迷宫的钥匙之一。

第二，恐龙蛋化石是古地理、古环境研究的重要信息来源。恐龙蛋化石是地质历史某一阶段的产物，蕴藏着大量的古地理、古气候以至古环境的信息，通过对恐龙蛋的研究可以了解那个时期的相关信息。科学家根据恐龙蛋化石推断出晚白垩纪的古气候总体是炎热、干燥的。

第三，恐龙蛋化石是研究恐龙的繁殖习性的理论依据。在我国已经发现了内蒙古二连浩特、山东诸城、重庆大山铺等多个恐龙公墓（大量恐龙遗骸集中发现的地方），还发现了河南西峡、江西赣州、湖北郧县等多个恐龙蛋富集地点。在恐龙蛋研究初期，这种恐龙和恐龙蛋分别发现的现象不禁让我们猜想，恐龙每到繁殖的季节要长途跋涉从栖息地赶往繁殖地，产下蛋后重返栖息地。有的学者还研究推测出了一条从四川盆地的栖息地前往河南西峡的繁殖地的恐龙行进路线。后续的发现中已经不再是只有龙或只有蛋的情况，但恐龙确实有固定的繁殖地点已被更多的证据证实。

第四，恐龙蛋是恐龙灭绝的直接证据。从我国及世界各地的产出情况看，恐龙蛋绝大部分集中分布于白垩纪地层，尤其是白垩纪晚期的地层中。大量的恐龙蛋未被孵化，难道是恐龙的生殖机能、新陈代谢发生了障碍？这是不是导致恐龙灭绝的又一重要因素呢？关于恐龙的灭绝原因，目前被广为认可的是“小行星撞击说”，怎么这里又提出一个“恐龙蛋不孵化说”呢？古生物学家的研究表明，恐龙的灭绝是一个持续了数十万年的过程，那颗撞击了地球的小行星可能仅仅拉开了恐龙灭绝的序幕，恐龙作为中生代的霸主，其灭绝是多个因素长期作用的结果，也就是说不是小行星撞击后恐龙就立即灭绝了。最新的恐龙蛋壳研究表明，在河南西峡发现的恐龙蛋壳呈由厚变薄的趋势，蛋壳的作用是保护胚胎，越来越薄的蛋壳不能很好地保护胚胎，胚胎发育不好自然就难以正常孵化。古生物学家还对恐龙蛋壳所含的化学元素进行了分析，发现有的恐龙蛋壳中微量元素含量异常，这些恐龙妈妈难道是重金属中毒？

总结一下已有的发现，白垩纪末期地球的气候炎热干燥、植被退化，恐龙的食物来源匮乏导致的缺钙影响到恐龙种群的繁殖；火山活动频繁，火山灰夹带着重金属被吸入了恐龙的身体，恐龙的身体状况变得越来越差。在地球上称王称霸1.6亿年的恐龙在最后的生命旅程中可谓是水深火热！

一个大胆的设想

《侏罗纪公园》是风靡全球的系列科幻电影，自上映以来掀起了全球性的恐龙热潮，由此诞生了很多恐龙迷。作者迈克尔·克莱顿曾就读于哈佛医学院，他的小说里大量引用了有关物理学、医学、遗传学和天文学的科学知识。在《侏罗纪公园》这部作品中，他大胆地设想利用蚊子体内残留的恐龙血液提取DNA复制恐龙，如果能够提取到恐龙的DNA，恐龙真的能复活吗？

我们先从恐龙基因研究说起。目前，从恐龙化石中提取遗传基因DNA，已成为恐龙研究中的一个热点。虽然曾经有学者宣布成功提取了恐龙的DNA片段，但是都被后来的研究否定了。中国地质大学的学者告诉我们，目前只能成功提取到50万年前的DNA片段，而恐龙生活的年代是距今6600万年前，加之DNA片段只是生物遗传基因的一部分，是无法使那些古老的生物复活的。尽管我们发现了大量的恐龙蛋，但是以人类目前的科技水平，还是无法让中生代的霸主——恐龙重新归来，但未来还是充满了希望。

第十六章

中生代的滑翔机

——小盗龙

鸟类的祖先到底是哪一类动物，鸟类到底是如何获得飞行能力的，这两个问题一直困扰着古生物学家。由于鸟类骨骼轻盈且中空，在形成化石时很容易破碎消失，而鸟类的重要特征羽毛又只有在很特殊的情况下才能保存下来，因而鸟类化石的发现少之又少。在一百多年的时间里，除了始祖鸟、鱼鸟等几块鸟类化石外，根本没有材料可以研究。直到20世纪90年代，在我国辽宁西部白垩纪早期地层中发现了大量原始鸟类和带羽毛恐龙的化石，通过这些发现我们可以基本确定，今天那些在空中自由飞翔的轻盈的鸟儿正是中生代恐龙，特别是小型兽脚类恐龙的后代。

鸟类起源的问题初步解决后，又一个问题困扰着古生物学家，那就是鸟类以及那些向鸟类演化的恐龙，到底是如何获得飞行能力的呢？当时存在"地栖起源假说"和"树栖起源假说"两种观点。从起飞难易程度来说，"树栖起源假说"更为合理，但直到20世纪尾声，都没有任何有力的证据能够证明恐龙可在树上生活，相反，许多小型兽脚类恐龙，比如似鸟龙类、窃蛋龙类，其骨骼特征显示它们是非常适应快速奔跑的，这使得"地栖起源假说"一度成为飞行起源的主流观点。

2000年，中国科学院古脊椎动物与古人类研究所徐星博士在辽宁西部朝阳发现了一块体形很小的恐龙化石，全长估计不超过50厘米。这块化石随后被研究命名为赵氏小盗龙，“赵氏”是纪念徐星博士的老师，我国恐龙研究领域的专家赵喜进先生。

小盗龙虽然体形很小，但是它身上的一些特征却吸引了古生物学家的注意。它的后足第二趾爪特别发达，尾巴僵直几乎呈棍棒状，很明显这是属于一类称作恐爪龙类的恐龙。恐爪龙类是与鸟类关系最为密切的一类恐龙，那小盗龙也毫无疑问是与鸟类有很近的关系。

小盗龙的化石给我们许多令人惊喜的发现。首先，它的个体很小，而现代在树上生活的动物除了猩猩之外体形都不大；其次，它的前肢较其他恐龙要长，手指和脚趾的倒数第二个指（趾）节（爪子前面那节）长度要长于倒数第三个指（趾）节，而且爪子非常弯曲。古生物学家观察到现代鸟类中在地面生活的鸟类，比如鸵鸟、丹顶鹤等，它们爪子的弯曲程度比较低，倒数第二个指（趾）节（爪子前面那节）长度要短于倒数第三个指（趾）节，爪子也比较钝。而在树上生存的鸟类，比如啄木鸟，指（趾）节长度和爪子弯曲程度和小盗龙的类似。

这些特征都暗示小盗龙是一种树栖恐龙，然而小盗龙小腿骨要长于大腿骨，这是擅长奔跑的恐龙通常具有的特征，这也暗示小盗龙的祖先可能是一些擅长奔跑的恐龙，它们后来转移到树上栖息。在小盗龙之后，古生物学家又陆续发现了许多具有类似特征的恐龙，比如近鸟龙、耀龙等，它们都与鸟类有着非常近的亲缘关系，这些证据都有力证明了恐龙在向鸟类演化的过程中，恐龙转向树栖生活是一个存在过的阶段。

那么既然已经证明包括小盗龙在内的一些恐龙是树栖生活的了，按照飞行的树栖起源假说，树栖是飞行的第一步，第二步是滑翔。那么有没有恐龙具有滑翔能力的证据呢？

顾氏小盗龙复原图

2003年，徐星博士又发现了一块新的小盗龙化石，与之前发现的小盗龙不同，这块标本保存了非常完好的羽毛。这块新的标本被命名为顾氏小盗龙，“顾氏”是为纪念我国著名古生物学家、“热河生物群”概念的提出者顾知微先生。

顾氏小盗龙的胳膊上长有与现代鸟类形态相似的飞羽，羽毛与骨骼的长度比例与现代鸟类接近。最奇特的一点是，顾氏小盗龙的后肢小腿和脚掌也附着有非常长的飞羽，也就是说，它们拥有四个翅膀！腿上长着这么长的羽毛，小盗龙肯定是没有办法在地面上灵活行走了，但是小盗龙没有像鸟类那样的龙骨突以附着强有力的胸肌，没有足够的力量拍打它们的翅膀，也就是说它们肯定不能飞行。既不能飞也不能跑，那么适合小盗龙的生存策略只有一个了，那就是滑翔。

小盗龙究竟能不能使用它们的羽毛进行滑翔呢？古生物学家复原了小盗龙的模型并把它放入风洞中。风洞是一个管道，通过操作管道中气流的流速，以模拟飞行器在空中遇到的不同情况。风洞实验的结果证明小盗龙是高效的滑翔者，它们可以利用四个翅膀在白垩纪的森林间自由穿梭。看上去飞行树栖起源的第二个阶段——滑翔也在恐龙中出现了。

但这时又有一些质疑了，如今我们看到的鸟类都只有两个翅膀，那么用四个翅膀滑翔的恐龙究竟是向鸟类演化的一个必经阶段还是只是一个演化中的特例呢？如果答案是前者，那么飞行的树栖起源假说就可以得到很好的验证，可如果答案是后者，那就说明树栖的滑翔恐龙只是一种偶然的特化，并不能证明鸟类就是由这样的树栖恐龙演化而来的。

在顾氏小盗龙被发现后的十几年里，古生物学家又陆续发现了许多和小盗龙一样具有四个翅膀的恐龙化石，比如近鸟龙、晓廷龙等。更重要的发现是，四个翅膀的特征在一些原始鸟类中也被发现了，比如会鸟、华夏鸟等，这就证明飞行的演化过程中存在一个“四翼”阶段。在飞行能力还不强的时候，腿上的羽毛能对飞行提供有效的辅助，当飞行能力逐步改善时，腿上的羽毛就逐渐退化。现在有一个鸡的品种叫丝光鸡（元宝鸡），它的后腿上还具有羽毛。生物学家对它们的基因研究后证实其后腿上的羽毛是一种返祖现象，这从基因角度证明了鸟类祖先及原始类群很可能具有四个翅膀。小盗龙的研究让我们清晰认识了鸟类飞行起源的过程：攀爬、四翼滑翔、飞翔、腿羽退化。

古生物学家对小盗龙的进一步研究还为我们提供了更惊人的信息。一般来说，古生物死亡后有机质会迅速腐烂消失，留下坚硬的部分如外壳、骨骼等，恐龙皮肤的具体状况，特别是颜色根本就无法保存下来。因此，在相当长的时间里，恐龙的颜色复原只能依靠和现生动物对比进行合理地想象。

但在2010年，北京自然博物馆的李全国博士用显微镜观察一块小盗龙化石的羽毛时发现，羽毛中保存了一些非常细小的结构，这些结构与现生鸟类的黑素体十分相似。黑素体是决定现代鸟类羽毛颜色的关键，由于黑素体的形状不同、排列不同，鸟类羽毛就会展现出不同的颜色。

既然小盗龙化石保存了这些黑素体，那么能不能依靠它们复原小盗龙的颜色呢？李全国博士将化石中的黑素体形状、排列与现生鸟类的黑素体进行对比，最后推测出小盗龙的颜色应该是以乌黑色为主，夹带彩虹光泽。这是第一次用科学的手段真实地复原古生物的颜色。在此以后，更多的恐龙颜色被我们通过这种手段复原出来，包括黑色身体、红色头冠的近鸟龙，红棕色身体、尾巴有白色环带的中华龙鸟等。

除了小盗龙之外，古生物学家还发现了很多与小盗龙亲缘关系很近的恐龙，于是把它们归为一类，称为小盗龙类。小盗龙类里绝大多数都发现于我国辽宁西部白垩纪早期地层中，是热河生物群的重要组成部分，包括中国鸟龙、杨氏长羽盗龙、隐羽龙、小盗龙、纤细盗龙、天宇盗龙、振元龙等。

其中天宇盗龙和振元龙与其他小盗龙不太一样，它们的前肢很短，不足后肢的一半，这甚至比大多数小型食肉恐龙的前肢都要短。虽然它们的胳膊很短，但是却覆盖着发达的羽毛，这说明它们的祖先是生活在树上，会滑翔，只是后来又转移到陆地生活，因而前肢又退化了。除了辽西以外，内蒙古的巴隆乌拉地区的白垩纪早期地层也发现过疑似小盗龙类的化石，只是化石比较残破。

到了白垩纪晚期，中国再也没有见到小盗龙类的踪迹了，但是在千里之遥的加拿大，古生物学家却发现了小盗龙类的化石，并把它命名为西爪龙，这是小盗龙类在东亚之外首次被发现，也是小盗龙类目前发现的唯一生存在白垩纪晚期的类群。

第十七章

龙鸟情未了

——鸟类恐龙起源假说

鸟类是我们头上这片广袤天空的绝对主宰者，哪怕我们有飞机和火箭。现生鸟类有9000多个种类，除鸵鸟、企鹅等少数类群外，其余都是技术高超的“飞行员”，它们的“飞机”就是它们自己的身体。

鸟类为什么可以飞翔呢？鸟类体形较小，而且很多骨骼是中空的，嘴里的牙齿、前肢上的爪子及指节都已经退化消失，大大减轻了体重负担。

鸟类的翅膀由羽毛覆盖，整个翅膀形成一个向上凸的曲面，滑翔时翅膀上部的空气流动速度要大于翅膀下部的，使得翅膀受到一个向上的力，鸟类就可以飞离地面了。这其实就是物理学上的伯努利原理，在很多科技馆、博物馆都有介绍这个原理。

鸟类飞行过程中要不停地扇动翅膀，因此鸟类的胸骨非常发达，长出了硕大的龙骨突以附着强劲的胸肌。鸟类的肩带也发生了有利于飞行的演化，关节肱骨的肩臼窝开口指向背侧，这使得鸟类的肱骨能比其他动物做出更大幅度的抬升，因而可以做出拍打翅膀的动作。鸟类的乌喙骨具有一个位置非常高的乌喙骨前突，胸小肌从胸骨绕过它附着于肱骨背侧，这样乌喙骨前突就起到一个滑轮的作用，将本来向下拉肱骨的肌肉变成向上抬肱骨，有利于翅膀拍打。而鸟类的锁骨则接合在一起，形成一根音叉样的骨头，因而得名叉骨，在鸟类拍打翅膀的过程中，由于胸肌十分强大，两边的肱骨会随着翅膀向下拍打而靠近，叉骨具有很强的弹性，可以在两根肱骨靠近时将其弹开防止相撞。

鸟类的三块掌骨和远端的腕骨接合在一起形成腕掌骨，这样的结构利于保持飞行过程中的稳定性。鸟类的脚趾不像其他脊椎动物那样，脚趾全部指向前方，而是第一趾反转，形成三趾向前一趾向后的姿态，这样的脚趾适合抓握树枝，有利于提高降落时的稳定性。

始祖鸟化石之一

鸟类究竟是由哪一种动物演化而来的？它们又是如何学会飞行的？由于鸟类骨骼很多都细小且中空，在形成化石的过程中很容易被破坏，因此鸟类化石的形成条件苛刻，在很长一段时间里，被发现的鸟类化石少之又少。世界上发现最早的鸟类化石是1861年在德国索伦霍芬侏罗纪晚期地层中发现的始祖鸟。始祖鸟的化石与其说像鸟，还不如说更像一种小型恐龙，嘴里有牙齿，前肢上长有爪子，身后还拖着一条长长的骨质尾巴。当时始祖鸟之所以被归入鸟类，是因为它的化石周围保存了羽毛印痕，羽毛翅膀已经与现代鸟类非常类似，而且始祖鸟还具有叉骨。但是已经发现的所有始祖鸟都没有胸骨保存，它们很可能还没有形成龙骨突。乌喙骨的前突位置较低，第一趾也没有反转，这些特征都表明始祖鸟的飞行能力很差甚至根本不能飞，只能做简单的滑翔。始祖鸟身上的许多特征与小型兽脚类恐龙非常相似，有的没有羽毛印痕保存的始祖鸟化石一开始被误鉴定为恐龙化石，英国古生物学家赫胥黎等基于此提出“鸟类起源于恐龙”假说。但当时并没有发现更多支持该假说的恐龙化石，比如并没有发现长有锁骨的恐龙，也没有发现有发达前肢的兽脚类恐龙。相反，对于恐龙的祖先槽齿类的研究显示，鸟类很可能起源于爬行动物的槽齿类，鸟类和恐龙是“亲兄弟”的关系，在20世纪相当长的一段时间里，“鸟类槽齿类起源”假说作为鸟类起源最权威的假说被写进了教科书以及其他相关书籍中。

“鸟类恐龙起源”假说于20世纪60年代开始复兴，标志是1969年恐爪龙的发现。恐爪龙属于兽脚类恐龙的驰龙类，是一种体形较小的食肉恐龙，生活在白垩纪早期，身长不过3米，脚上第二趾爪比其他爪要发达许多，平时需翘起以免妨碍行走。

恐爪龙展现出许多与原始鸟类相似的特征，比如：腕部具有一块发达的半月形腕骨，可以使爪子做大角度的活动；将肱骨向后拉的肌肉比较发达，平时恐爪龙的前肢可能像鸟一样收于体侧；耻骨像鸟类一样指向后侧而不像其他兽脚类恐龙那样指向前部。

恐爪龙的研究者美国古生物学家奥斯特罗姆据此提出鸟类很可能是由一类与恐爪龙相似的小型兽脚类恐龙演化而来的。在此之后，小型兽脚类恐龙与鸟类的相似点不断被发现：伤齿龙类的中耳构造以及下颌、牙齿的特征与原始鸟类相似；窃蛋龙类具有和鸟类一样孵蛋的习性；驰龙科和鸟类一样具有叉骨。

鸟类与恐龙的骨骼特征界线已经越来越模糊，“鸟类恐龙起源”假说也得到了越来越多学者的支持。

20世纪90年代以来，我国辽宁西部以及相邻地区的白垩纪早期热河生物群地层发现了大量带羽毛的恐龙化石，为“鸟类恐龙起源”假说提供了更为有力的证据。热河生物群已发现的带羽毛恐龙类群很广泛，小到只有几十厘米的小盗龙，大到八九米的羽王龙，涉及暴龙类、美颌龙类、镰刀龙类、窃蛋龙类、驰龙类等，这些发现不仅证明恐龙同样具有羽毛，而且说明具有羽毛在兽脚类恐龙中是一个普遍现象。

带羽毛的恐龙化石让我们对羽毛的起源和演化有了比较清晰的认识：在较原始的兽脚类恐龙中，比如美颌龙类的中华龙鸟，羽毛只是简单的单根状；在较进步的镰刀龙类中，比如北票龙，羽毛为簇状，即从一个中心点辐射出多根原始羽毛；在更进步的类群中，如窃蛋龙类的尾羽龙和驰龙类的小盗龙，羽毛已经具有羽轴和两侧的羽支，与现代鸟类的羽毛形态已经没有多少差别了。除了羽毛之外，热河生物群的带羽毛恐龙还从骨骼特征上进一步支持了鸟类与恐龙的演化关系，包括指向侧面的肩臼窝（使恐龙能做出拍打翅膀的动作），前肢加长等。热河生物群带羽毛恐龙的研究有力地支持了鸟类起源于恐龙，而兽脚类恐龙中的恐爪龙类（包括驰龙类和伤齿龙类）与鸟类有非常近的亲缘关系。

热河生物群的带羽毛恐龙虽然为"鸟类恐龙起源"假说提供了一些依据，但是这个生物群的年代为白垩纪早期，比目前最原始的鸟——始祖鸟的生存年代要晚近2000万年。

这就存在一个很大的问题，如果鸟类是孩子，带羽毛恐龙是父母，那么父母的年龄怎么能比孩子的还小呢？这个"时空倒置"的问题曾经困扰了古生物学家很长时间。直到2008年以来，我国内蒙古宁城"道虎沟生物群"和辽宁西部建昌"燕辽生物群"的侏罗纪中晚期地层相继发现多种带羽毛恐龙的化石，包括伤齿龙类的近鸟龙、始中国羽龙，擅攀鸟龙类的耀龙、树栖龙等，其地质年代早于始祖鸟1500万年以上，才基本解决了这个"时空倒置"的问题。

我国热河生物群、道虎沟生物群和燕辽生物群的带羽毛恐龙化石不仅支持了"鸟类恐龙起源"假说，也为研究鸟类的飞行起源提供了重要材料。

关于鸟类的飞行起源问题，学术界长期存在两种观点：一种是"地栖起源"假说，认为鸟类的祖先是一种擅长两足奔跑的动物，解放出来的前肢因适应捕食的需要逐渐演化出类似拍打翅膀的动作，这种动作与奔跑的速度相结合演化，最终使鸟类的祖先飞上蓝天；另一种观点是“树栖起源”假说，认为鸟类的祖先是一种栖息于树上的动物，在树与树之间跳跃中逐渐演化出了滑翔能力，滑翔能力最后形成了飞行能力。从飞行动力学上来说，“地栖起源”假说需要很快的奔跑速度，而这需要发达的后肢，前肢则需要退化以减轻体重负荷，这就出现了一种矛盾的演化状态。“树栖起源”假说可以避免这些矛盾，但在相当长的时间里我们并没有发现相关的化石证据，相反，与鸟骨骼相似的很多兽脚类恐龙都是擅长奔跑的。

我国道虎沟生物群、燕辽生物群以及热河生物群发现的大量带羽毛恐龙化石不仅有力支持了鸟类起源于恐龙的假说，而且也为“飞行树栖起源”假说提供了新的依据。带羽毛的恐龙多数体形较小，具备了在树上生存的体形条件。辽西恐爪龙类很多是前肢较长，超过后肢长度的80%，而且骨骼粗壮，有较强的支持运动能力；手指和脚趾的远端指（趾）节较长，与现生树栖鸟类相似；爪长而弯曲，与树栖生物类似，而不同于地栖鸟类较钝的爪；肱骨侧向抬升能力比其他恐龙大，可以侧向扩展的前肢和后肢有利于恐龙在爬树时重心尽可能贴近树干。类似的树栖特征也出现在原始鸟类如始祖鸟及热河鸟的身上。

那么这些树栖的恐龙是否具有滑翔能力呢？一些树栖的恐爪龙类，如近鸟龙，前肢后肢均被飞羽覆盖，可以说具有四个翅膀，但翅膀羽毛是两侧对称的，不具备符合空气动力学的形状，而且羽毛较短，因此可能只做短距离的滑翔。后来的小盗龙翅膀羽毛已经两侧不对称，而且羽毛拉长，故能做更高效的滑翔。这个阶段在飞行的演化过程中称为“四翼阶段”，随着恐龙的滑翔逐渐演化为鸟类的飞行，后肢的飞羽就逐渐退化了，但在许多鸟类化石里还保存着较长的腿羽。

“鸟类恐龙起源”假说不仅有在宏观形态上的支持证据，也有微观的分子证据。一些恐龙，如近鸟龙、小盗龙的碳化的羽毛化石里可以观察到黑素体留下的印痕。黑素体在带羽毛恐龙身上的出现从亚显微水平上证明了鸟类羽毛和恐龙羽毛的同源性，我们甚至能根据黑素体的形态与颜色的对应关系，复原恐龙的羽毛颜色。小盗龙的羽毛是乌黑色，具彩虹光泽；近鸟龙的羽毛则是黑色，夹白色斑痕，头顶有一撮红色的冠毛；而中华龙鸟的羽毛颜色则是红棕色，尾巴有数条白色的环带。

随着古生物研究水平的进步和研究的逐渐深入，我们现在几乎可以肯定地说：“恐龙并没有灭绝，它们只是华丽地转身成为鸟类。”

第十八章

长着鸭子嘴的恐龙

——鸭嘴龙类

在白垩纪晚期亚洲和北美洲的大地上，活跃着一种庞大而奇特的恐龙，它们的嘴巴扁平，就像鸭子一样，因而被称为“鸭嘴龙”。鸭嘴龙类是白垩纪最成功的一类植食性恐龙之一，它们独特的进食方式以及一些类群具有的奇形怪状的头饰成为恐龙界中一道靓丽的风景。

鸭嘴龙类最大的特点就是嘴巴宽大、扁平，就像鸭子的嘴巴。但和鸭子不一样的是，鸭嘴龙的嘴只有最前面是没有牙齿的，在嘴的后部长满了密密麻麻的数百颗牙齿，最多的甚至超过一千颗。

鸭嘴龙为什么能够长这么多牙齿？首先，鸭嘴龙的牙槽非常多，我们人类有28~32颗牙，无论上颌或是下颌，每侧就是7~8颗，而鸭嘴龙每侧有十几个齿槽，最多有60多个。鸭嘴龙牙齿多不仅因为牙槽多，包括我们人类在内，大部分陆生脊椎动物一个牙槽里只有一颗牙齿，直到这颗牙齿脱落，才会有新的牙齿补充上来，而鸭嘴龙一个牙槽里的牙齿至少有3枚，最多可达7枚，这些牙齿在齿槽中呈一竖排排列。

为什么鸭嘴龙要长这么多的牙齿？包括我们人类在内，哺乳动物的牙齿可细分为门齿、犬齿和臼齿，其中门齿比较宽而扁，用来切割食物；犬齿比较尖锐，用来撕裂食物；臼齿宽大、粗糙，用来把门齿和犬齿割裂的食物磨成小块。而爬行动物所有的牙齿形状都是一样的，只有简单的撕裂或割断作用，这使得爬行动物在取食植物时，很难把植物嚼碎，植物也就无法在肚子里得到充分消化。鸭嘴龙的牙齿很好地解决了这个问题，鸭嘴龙的每排牙齿中至少有两颗是发挥作用的，这样就扩大了牙齿的磨蚀面，无论多么坚韧的植物，都会在多层牙齿的摩擦下粉碎。和哺乳动物不一样，爬行动物的牙齿在珐琅质之外缺少一层白垩质，这使得鸭嘴龙的牙齿不像哺乳动物那么耐磨，在多次咀嚼植物之后就会磨损掉，这时多层牙齿的另一个优势就体现出来了，当上层的牙齿被磨坏之后，下层的牙齿很快就能顶上去，从而保证嘴里总有足够的牙齿。

既然牙齿这么有用，那为什么鸭嘴龙嘴的前部没有牙齿呢？原来它们那宽大、扁扁的嘴巴就像我们的门齿一样，是用来切割植物的，只有先把植物切断送到嘴里，这些牙齿才能发挥作用。这种高效取食植物的方法让鸭嘴龙在白垩纪繁盛一时，特别是在亚洲和北美洲，古生物学家发现了大量鸭嘴龙的化石。

鸭嘴龙前肢很短而后肢很长，曾经在很长一段时间里，古生物学家推测它们是以两足行走为主，上半身直立，像袋鼠一样用尾巴作为支撑。但后来对鸭嘴龙足迹的研究揭示，其实它们大多数时间是用四只脚走路的，偶尔用两只脚走路，在两足站立时，上半身与地面平行而非垂直，尾巴也是直挺挺地向后方伸去，并不拖地，更不会像袋鼠那样坐在尾巴上，那会压碎它们的尾椎骨。

古生物学家对鸭嘴龙栖息环境的认识也经历了一个变化的过程。根据鸭嘴龙的足迹化石，我们曾经认为鸭嘴龙的脚趾间像鸭子那样有蹼，因而推测它们生活在水边，当遇到食肉恐龙时，它们可以跳到水中，用有力的大尾巴推动身体在水中游泳。后来我们发现了一些保存极为完整的鸭嘴龙化石，它们在死后皮肤迅速脱水风干，并没有完全腐烂而是以“木乃伊”的形式保存了下来。这些鸭嘴龙的化石显示，鸭嘴龙的脚上并没有蹼，而是有减震的肉垫。事实上，由于许多大型鸭嘴龙体重达十几吨，水边的淤泥是根本不能长时间支撑它们的重量的。

综合来看，鸭嘴龙是主要在陆地上生存，成群结队行动的恐龙。鸭嘴龙主要的天敌是当时最强大的食肉恐龙——暴龙及其近亲，在北美洲发现的一具埃德蒙顿龙化石的尾椎上就发现了被暴龙咬过的痕迹。

鸭嘴龙可分为三大类，原始鸭嘴龙类、栉龙类和赖氏龙类。原始鸭嘴龙类和后来的鸭嘴龙比，它们嘴里的牙齿比较少，每侧齿槽的牙齿一般在30颗以下，大多数体形也比较小，一般在7米上下。这一类鸭嘴龙化石在我国白垩纪早期的地层中非常丰富，包括辽西地区的杨氏锦州龙、义县薄氏龙，甘肃的诺氏马鬃龙，内蒙古的魏氏野鸭颌龙、戈壁原巴克龙等。到白垩纪晚期时，随着进步的栉龙类和赖氏龙类兴起，原始鸭嘴龙类逐渐走向衰落，我国内蒙古的蒙古计氏龙、姜氏巴克龙，山东莱阳的中国谭氏龙，河南的诸葛南阳龙是少数在白垩纪晚期生存的原始鸭嘴龙类。

栉龙类全部生存于白垩纪晚期，有很多类群体形都非常大，而且牙齿非常多。在美国和加拿大发现的慈母龙体长达9米，埃德蒙顿龙体长可达13米，然而这还不是体形最大的鸭嘴龙。1964年，在我国山东诸城发现的一批恐龙化石，后来经研究发现是一种鸭嘴龙，并且体长竟超过14米，体形超过当时已知的任意一种鸭嘴龙，这种鸭嘴龙被命名为巨型山东龙。后来，古生物学家在诸城又陆续发现了两种大型鸭嘴龙类，分别是体长超过16米的巨大诸城龙和体长超过18米的巨大华夏龙，不过后来的研究显示它们其实和巨型山东龙是同一种恐龙，按照古生物的命名规则，只有巨型山东龙是有效的命名。

我国发现的栉龙类，还有广东南雄发现的南雄小鸭嘴龙，山东莱阳发现的杨氏莱阳龙和黑龙江嘉荫发现的董氏乌拉嘎龙、黑龙江满洲龙。值得一提的是，黑龙江满洲龙是在我国发现的第一具恐龙化石，于1902年在黑龙江嘉荫县被发现，当时黑龙江附近的渔民发现了一些巨大的骨头，这些骨头的发现引起了俄国古生物学家的注意，他们组织发掘并研究了这些化石，将其命名为黑龙江满洲龙。当年俄国人研究的满洲龙化石现在陈列在俄罗斯圣彼得堡的博物馆里。

大部分栉龙类的头骨顶部是扁平的，但有一些栉龙类，比如蒙古的栉龙，头骨向后伸出一根短的实心的头饰，可能是作为一种炫耀物或是个体识别的工具。

副栉龙复原图

赖氏龙类也全部生存于白垩纪晚期，是鸭嘴龙里一支奇特的类群。与栉龙类不同，赖氏龙类的头上长有各种各样奇形怪状的头饰，比如赖氏龙，头上的头饰就像一把倒放的斧头；盔龙，头饰就像一个头盔；副栉龙的头饰则向后远远地伸出，长度达1.8米。与栉龙类一些类群实心的头饰不同，这些头饰是空心的，而且和鼻腔相连，呼吸的时候空气要在头饰里绕一圈才进入气管。

为什么赖氏龙类要演化出如此复杂的头饰？曾经有人认为，这个头饰是一种潜水装置，当赖氏龙类的身体浸在水中时，头饰可以伸出水面以呼吸空气。但就像前文说的，鸭嘴龙并不是生活于水边的恐龙，而且假如真是潜水所用，那么头饰的顶部应该有一个开口，然而在赖氏龙类的头饰上根本不存在这样一个开口。如果不是潜水用的，那么这些头饰的作用是什么？有人猜测是恐龙在密林里走路时用来拨开树枝的，还有人猜测这些头饰在恐龙活着时具有漂亮的色彩，是一种类似孔雀尾羽的炫耀物，但这些猜测都无法解释为什么头饰是空心的。

古生物学家仔细研究了这些恐龙的头饰，发现头饰的空腔能够使空气在里面发生共鸣，就像小号一样，这样赖氏龙类就能够发出比别的恐龙更为洪亮的叫声。甚至有的古生物学家根据副栉龙的头骨制作模型，成功模拟了它们的叫声，很像吹阿尔卑斯山长角号时发出的声音。赖氏龙类的头饰具有扩大声音的功能，这使得赖氏龙类有比其他鸭嘴龙类更强的生存能力，当恐龙群中的一个成员发现食肉恐龙时，它们发出的叫声很快就能传遍整个群体，整个群体就能在危险来临前迅速逃离。

我国的赖氏龙类化石非常丰富，其中最著名的是发现于山东莱阳的棘鼻青岛龙，它的头饰很有意思，一根中空的骨棒向前伸出，很像传说中的独角兽，不过后来的研究认为这根骨棒并不是青岛龙的头饰，青岛龙真正的头饰形状还有待研究。我国黑龙江北部的白垩纪晚期地层中也发现了大量的赖氏龙类化石，其中一种比较著名，被称为嘉荫卡戎龙，虽然它的头饰没有保存下来，但根据其头骨形状，判断其头饰与副栉龙非常相似；鄂伦春萨哈林龙的头饰也没有保存下来，但根据头骨其余部分可以推测它的头饰和盔龙的很相似。

在亚洲和北美洲都有很多赖氏龙类的化石发现，可以想象，在几千万年前的时候，它们洪亮的叫声在大地上此起彼伏的情景。

第十九章

神奇“鼠”力量

——中国著名的早期哺乳动物

现今地球上生活的哺乳动物有5800多种，它们的生活方式多种多样，有的在陆地上生活，有的在天空中飞翔，还有的在水中游泳，是生物界中占有优势地位的物种，而且拥有高等智慧的我们也属于哺乳动物。因此，哺乳动物的演化历史一直是人类最感兴趣的古生物学课题之一。

目前的古生物学界普遍认为哺乳动物是由似哺乳爬行动物中的一个类群——单弓亚纲演化而来的。其中有一类被称为犬齿兽的动物，它们的牙齿已经具备了哺乳动物的特征，产生了功能分化，例如切割食物用的门齿、撕咬食物的犬齿以及磨碎食物的臼齿，而爬行动物口中的每颗牙齿几乎都是一样的，所以古生物学家把它定位于爬行动物和哺乳动物的中间过渡物种。

然而，哺乳动物出现的三叠纪晚期，当时正是爬行动物的天下，可谓生不逢时。在之后1.6亿年的时光中，它们都生活在恐龙的阴影中。当时大部分哺乳动物的个头都很小，外观很像我们熟悉的老鼠，最典型的就是生活在南非早侏罗纪的大带齿兽，科学家估计其体重只有20~30克。它们昼伏夜出，会在树林和灌木丛间穿行跳跃捕食昆虫，而此时恐龙大都已经入睡。

到了侏罗纪，恐龙等爬行动物日渐称霸地球，并没有给哺乳动物留下多少生存和发展的空间，但是哺乳动物仍然顽强地生存着，最新科学研究显示，恐龙时代的哺乳动物其生存范围也很广阔，有地上跑的、空中飞的、水里游的、树栖的及挖地洞的。这些生活习性和生殖特征的研究成果，得益于我国发现的一批保存了精美的骨骼甚至是部分软体组织的侏罗纪哺乳动物化石。下面就为大家一一介绍它们。

最早的真兽类哺乳动物——中华侏罗兽

2009年，中华侏罗兽化石发现于中国辽宁建昌县玲珑塔地区，生存年代为距今约1.6亿年的侏罗纪中晚期。化石保存了长约2.2厘米的不太完整的头骨，部分头后骨架以及残留的软体组织如“毛发”等印痕。其中最令人震惊的是专家在其腹部发现了可能是胎盘的软组织残留痕迹。

目前地球上超过90%的哺乳动物为有胎盘的真兽类，其主要特征是具有一个胎盘，给未出生的幼体提供营养，包括人类在内的灵长类动物也是有胎盘类哺乳动物，因此中华侏罗兽可谓是人类已知最原始的“老祖宗”。以前已知最古老的真兽类哺乳动物化石由中国辽宁省凌源市发现的攀援始祖兽保持，其地质年代距今约1.25亿年。中华侏罗兽的发现把真兽类哺乳动物化石记录的时间提前了3500多万年，填补了早期哺乳动物演化的化石记录空白，也为哺乳类动物演化历史建立了以化石为标准点的新的里程碑。

最原始的带毛的哺乳形动物——哺乳形巨齿兽

具有哺乳类形态特征的动物的起源可能要追溯至三叠纪晚期，但哺乳形动物并不是我们现生哺乳动物的直系祖先。

2013年，哺乳形巨齿兽被发现于距今约1.65亿年的中侏罗纪地层中，它代表了哺乳动物最原始的形态特征。很少有原始形哺乳动物的头颅和肢体骨骼保存下来，更少有毛发保存成的化石。因此，哺乳形巨齿兽也是迄今发现的保存最为完整的贼兽类化石。

哺乳形巨齿兽体长约30厘米，体重约250克，跟一只豚鼠差不多。它的臼齿有多列的瘤齿，下颌前臼齿发育有一颗大而弯曲的尖齿，这表明它有戳刺能力。巨齿兽的臼齿已高度特化，上下齿颌精确咬合并且具有愈合的高冠型齿根，这表明原始形哺乳动物已有十分进步的齿形分异，显现了杂食性和植食性的特征，所以巨齿兽除了在树间寻找果实和嫩叶外，也会捕食一些小型的昆虫或者蠕虫来“打打牙祭”。

哺乳形巨齿兽的中耳和踝关节的一些特征都表明了它的原始性。哺乳形巨齿兽的胫骨和腓骨的两端已经愈合，其骨骼特征类似于现在生活于非洲的岩蹄兔，但巨齿兽的体形要比非洲岩蹄兔更苗条些。哺乳形巨齿兽的后肢骨骼具有一个大的跗骨刺，很像现生哺乳动物鸭嘴兽的跗骨毒刺，这可能是为防御其他捕食者而演化出的“自卫”武器，所以别看它长得小，却不是毫无抵抗之力。

最早“飞”向蓝天的哺乳动物们

远古翔兽想象图

2006年，我国古生物学家在内蒙古宁城发现了一块珍贵的哺乳动物化石，这块化石保存得非常完整，连毛发和翼膜的痕迹都清晰可见，古生物学家们将它命名为远古翔兽。

从外观上看，远古翔兽综合了松鼠和蝙蝠的特征，它的全身覆有毛发，在前后肢间、后肢和尾巴之间长有翼膜，它可以在树丛之间滑翔。翔兽体长12~14厘米，体重很轻，大约只有70克，靠食用小昆虫为生。由于类似的哺乳动物以前从未被发现，古生物学家不得不在哺乳动物族谱里专门为它创建了一个新的类别——翔兽目，并把它命名为“远古翔兽”。远古翔兽生活的1.25亿年前，还是恐龙统治天下的年代。在这块远古翔兽化石出现之前，蝙蝠曾被认为是世界上最早出现的向天空发展的哺乳动物，目前发现的最古老的蝙蝠化石可以追溯到5100万年前，而远古翔兽的发现使得哺乳动物滑翔的记录提早了7000多万年。虽然远古翔兽长得跟现生的鼯鼠很像，但其实翔兽和鼯鼠并没有直系亲缘关系，可爱的翔兽早已经灭绝，没有留下任何后代。

随着古生物化石的不断发现，会飞的哺乳动物不仅仅有远古翔兽了。2017年北京自然博物馆的研究者们在我国辽宁省建昌县和河北省青龙县距今约1.6亿年的晚侏罗世地层中，发现两种最原始的、具有皮翼的滑翔哺乳形动物化石。新发现的滑翔动物属于哺乳型动物基干支系，也是现代哺乳动物的祖先类群，它们均为哺乳动物演化树的早期分化绝灭支系——贼兽类的新属种，分别被命名为似叉骨祖翼兽和双钵翔齿兽。这是所有哺乳动物漫长演化历程中目前最为原始的滑翔动物，比远古翔兽的系统位置更原始，比现代哺乳动物中最早的滑翔类型——最早的皮翼类哺乳动物和最早的飞鼠化石要早得多。新发现为研究早期哺乳动物的演化多样性和生态多样化提供了重要的化石证据，将哺乳动物飞上蓝天的时间，又提前了3500万年。

最早适应水中生活的哺乳动物——獭形狸尾兽

每次奥运会的游泳比赛上，运动健儿们一次又一次向人类的游泳极限挑战。但会游泳的哺乳动物可不只有我们人类，有许多哺乳动物甚至已经转为了半水生（如河狸类、水獭类）和完全水生（如鲸类、海牛类、鳍足类）的生活习性。之前认为最早的水生哺乳动物出现于5500万年前的始新世，但你能想象在1.65亿年前哺乳动物就会游泳了吗？

发现于2006年的一块化石提供了证据。古生物学家在距今约1.65亿年中侏罗世地层中发现了一块哺乳类动物化石，通过仔细研究，他们发现这块化石上的动物尾巴扁而宽，并覆盖有一些鳞片，与现生河狸的尾巴及其功能相似，非常适于游泳。古生物学家们将其命名为獭形狸尾兽，属于柱齿兽类哺乳形动物。这表明哺乳类动物在中生代就已经具有了半水生的游泳能力，比以前发现的水生、半水生哺乳动物至少提前1亿年就“下水”了。

獭形狸尾兽身长约40厘米，头骨长度超过6厘米，体重在500~800克之间。以往发现的大多数中生代哺乳动物体形都较小，体重很少超过50克，而且一般都在陆地生活。由于受小体形的限制，而且生活在恐龙的阴影之下，它们大多数食性单一，多以虫类或者植物为食。然而，獭形狸尾兽是个例外，由于体形较大且具有较强的游泳能力，古生物学家们推测它具有捕捉鱼类的能力，这表明哺乳动物在中生代的多样性比人们以往认为的要多。迄今为止，獭形狸尾兽是世界上发现的唯一的半水生中生代哺乳动物，也是已知体形最大的侏罗纪哺乳动物。

狸尾兽的牙齿和下颌特征表明，它属于柱齿兽目，而柱齿兽类是生存于中侏罗世到晚白垩世的一个已灭绝的哺乳形动物类群，并没有现生后裔，与现生有胎盘哺乳动物亦无直接亲缘关系。虽然狸尾兽无论从长相还是生活习性上与河狸很相似，但它的确并不是现在河狸的祖先。

时间来到了中生代最后一个阶段——白垩纪。哺乳动物经过长期的演化发展，已分化出许多具有进步特征的类群，为哺乳动物在新生代时期的分化辐射打下了基础，特别是在中国辽西及周边地区的热河生物群发现的哺乳动物化石，为世界了解中生代哺乳动物辐射演化开启了一个窗口。

中生代最大的哺乳动物“屠龙兽”——强壮爬兽

热河生物群三尖齿兽类中的代表是强壮爬兽，它体长超过1米，体重达14千克，是中生代发现的体形最大的哺乳动物。爬兽嘴里前部牙齿呈单锥状、大而尖利，四肢短而粗壮，呈半直立奔走。根据化石，古生物学家还发现强壮爬兽曾捕食一些鹦鹉嘴龙幼崽，这一发现颠覆了传统认识：在中生代时期，哺乳动物生活在恐龙的阴影下。像强壮爬兽这样体形较大的哺乳动物可以捕食较为弱小的幼年恐龙，所以强壮爬兽又被称为“屠龙兽”。

有袋类

我们知道现生哺乳类动物主要归属为三个类群：一是卵生哺乳的单孔类，如针鼹和鸭嘴兽等；二是原始的胎生哺乳的后兽类，即有袋类，如大洋洲的袋鼠、树袋熊等；三是胎生哺乳的真兽类，即胎盘类，占据了绝大多数类群，如兔、松鼠、牛、羊、虎、豹、鲸鱼、蝙蝠等。

在热河生物群中我们发现的沙氏中国袋兽和攀援始祖兽，分别代表了最早的有袋类化石和原始的真兽类化石，这些化石的发现对探索有袋类和真兽类的起源及其早期演化具有十分重要的价值。

纵观整个中生代，虽然哺乳动物的祖先大多时候都是形如老鼠，小心翼翼地在恐龙等爬行动物留下的“角落”中生活，然而它们却在不断地开发潜力，修炼“内功”，等待机会。因此在导致恐龙灭绝的那次小行星撞击或者大规模的火山喷发的灾难来临之时，哺乳动物凭借身体小、食物来源广泛和胎生哺乳的特点，成功地挺了过来，经过长期发展，成为现今地球上占优势地位的动物类群。

第二十章

古兽天团

——中国特有的古哺乳动物化石

白垩纪末期，除了演化为鸟类的种类之外，所有的恐龙全部从地球上灭绝了，地球的发展进入了新生代阶段。恐龙灭绝后的地球空出了大片的生存空间，经历过大灭绝事件而残存下来的哺乳动物迅速占领了这些空间，并迅速演化辐射。如果说中生代是爬行动物的时代，那么新生代则可以说是哺乳动物的时代。

白垩纪之后的第一个地史时期为古新世，大约持续一千万年，当时的哺乳动物面貌与现生的哺乳动物截然不同。在古新世的早期阶段，哺乳动物很多体形还比较小，比如以昆虫为食的狉兽目，也有一些中型的食草哺乳动物，比如裂齿目和全齿目。全齿目中最常见的物种化石为阶齿兽化石，大小如狗，它的化石广布于我国南方多个省份。从前一章大家知道，一个爬行动物个体的所有牙齿形状一般是一样的，而哺乳动物的牙齿可划分为门齿、犬齿和臼齿。而阶齿兽的臼齿的形状非常特殊，上颌臼齿分为内外两部分，呈阶梯状；下颌臼齿分前后两部分，也呈阶梯状。因为它的牙齿像台阶一样排列，所以得名阶齿兽。根据这种形状的牙齿推测，它可能是一种以植物为主食的杂食动物。

此时食肉类哺乳动物数量还很少，主要是一类称为中兽目的哺乳动物，和狮、虎、狼等食肉目一样，它们具有锋利而发达的犬齿。但中兽类并不是现生食肉目的祖先，它们的脚上长有蹄子而非爪子，实际上这类嗜血的猛兽和现生食草的牛、羊、鹿、长颈鹿等偶蹄目关系更近一些，我国安徽潜山的阎汤掠中兽是中兽目最早的化石。上面提到的狉兽目、裂齿目、全齿目、中兽目现在都已经灭绝了，但有两类哺乳动物却从古新世一直延续至今。在安徽潜山的古新世早期地层中我们发现了两种小型哺乳动物，分别被命名为晓鼠和模鼠兔，它们分别是啮齿目（包括老鼠、豪猪、松鼠、河狸等）和兔形目（包括兔和鼠兔）的最早代表，这两类动物都有终生生长的门齿，需要不停地磨牙以防止门牙长得过长。

到了古新世晚期，出现了一些庞大的草食性动物，比如全齿目的冠齿兽，其化石遍布我国许多地区的古新世地层，体长有2米以上，臼齿咬合面形成锋利的脊状，用以切割磨碎植物。灵长目的演化也在古新世有条不紊地展开着，主要发生在欧洲和北美洲，在内蒙古二连浩特发现的苏崩猴化石是灵长目在亚洲最早的化石记录。

古新世之后是始新世，延续两千多万年，此时的哺乳动物面貌与古新世相比已经有了很大的变化，上文所说的几个原始的目几乎走向了灭绝的道路，只有钝脚目

犹因它兽复原图

演化出了庞大的犹因它兽，肩高达1.5米。犹因它兽的鼻尖、犬齿上部和头顶分别长有3对小突起，可能是一种装饰。犹因它兽发现于美国怀俄明州，与在我国内蒙古二连浩特发现的戈壁兽是近亲，戈壁兽同样体形庞大，但没有头顶的突起。

奇蹄目出现于始新世，这类动物的脚上有蹄子，后脚上的蹄子为1个或3个，所以称“奇蹄”，包括现生的马、犀牛和貘。在始新世时比较繁盛的一类奇蹄目是两栖犀，是犀牛的远亲，但头上无角，四肢细长，分布于北美和中国。此时奇蹄目还演化出一种庞大的食草动物锤鼻雷兽，发现于我国内蒙古额尔登敖包，肩高达2.5米，鼻子处骨头向上突起形成一个巨大的角，很像攻城锤，这个角看似威猛但其实活着时布满血管，只是扩大了鼻腔而不能用于自卫。

此时的一些食肉动物演化出了比较大的体形，比如发现于蒙古国的中兽目的中兽，体长竟可达3米以上。可以跟中兽目匹敌的是肉齿目，这个类群和食肉目很像，都具有锋利的刃状臼齿，但它们的大脑比较小，而且走路是整个脚掌着地而非脚趾着地，因此，很容易与食肉目进行区分。肉齿目在我国发现较少，其中内蒙古的裂肉兽体长可达3~4米，堪称当时一霸。

在始新世的非洲，出现了大象的祖先始祖象，体形大小如猪，还没有长鼻和象牙，但这种不起眼的动物演化出了现代最庞大的陆生哺乳动物。

在我国湖北荆州的始新世地层发现了一种名为阿喀琉斯基猴的猴子，它被归入其他树栖的猴类中，但它的脚趾较短而脚掌很长，这与我们的祖先类人猿非常相似，这种奇特的现象说明在始新世时类人猿和其他猴子开始分道扬镳。

从渐新世至中新世这2800万年左右的发展阶段，哺乳动物基本都可以归入现代分类。我国的甘肃、山西、山东、新疆、内蒙古、陕西、河南等多个省份都有很多化石被发现。渐新世时奇蹄目演化出了地球历史上最庞大的陆地哺乳动物巨犀，虽然是犀牛的亲戚，但巨犀头上无角，颈长腿长，有点像长胖的长颈鹿，身高可达5米，体重达15吨以上。

而作为现生奇蹄目中数量最多的一类，马的早期演化都发生在北美洲，大约中新世时，以三趾马为代表的原始马类迁移至欧亚大陆，开始了新的演化历程。

偶蹄目的数量也非常多，出现了一些奇特的类群：山东山旺的柄杯鹿，鹿角细长，顶端有呈放射状的小杈；宁夏同心的库班猪，是一种原始的猪类，额头上有一个向前伸的长角；甘肃和政生存着一种和政羊，虽然名字里有个“羊”，但它们其实是今天北美极地麝牛的祖先类群。

长鼻目在此时也成为我国哺乳动物群的重要组成成员，此时最多的一类是嵌齿象，它们的象牙向前下方伸出，下颌的门齿特化，向前延伸呈板状，形成一个铲子样的下颌，可用于挖掘植物。铲齿象的下颌门齿相对于嵌齿象延伸得更夸张，几乎接近地面，可能生活在水边以巨大的下颌切断水草，然后用长鼻取食。

此时的肉齿目开始在食肉目的竞争下衰退，我国兰州、内蒙古等地发现的复原身高超过1.5米的鬣齿兽是肉齿目最后的辉煌。食肉目开始兴起，最凶猛的是一种称为犬熊的掠食动物，在我国内蒙古、山东有发现，体形超过今天的狮虎，在北美洲的个体体重甚至可能达到600千克。

530多万年到260多万年前的上新世时哺乳动物基本呈现今日面貌，但物种要比现在的丰富得多。

在上新世时，青藏高原几乎达到今天的高度，挺拔的高原完全隔绝了南亚暖湿气流，这使得我国西北地区干旱化、寒冷化。过去常见的适应湿润气候、森林灌木生态的三趾马、铲齿象等逐渐灭绝，代之以现代真马和剑齿象等。剑齿象是一类体形巨大的长鼻目，大者身高可达5米，体重超过10吨，象牙极长而且几乎直挺，小学课文里的《黄河象》就是发现于甘肃的剑齿象。青藏高原的高海拔使得高原上的气候非常寒冷，高原上的动物必须特化出耐寒的身体机制，比如长出厚实的毛发以抵御寒冷的气候。披毛犀就是一个典型的代表，相比于平原上的犀牛，披毛犀长出了浓密的毛发，因为有了这样一件“毛衣”，当后来气候转冷进入冰河时代后，披毛犀的分布范围扩大到整个欧亚大陆北部。除了披毛犀之外，高原上另一种特化抵御严寒的是邱氏狐，它后来在冰河期迁徙到北极圈，演化成了今天的北极狐。今天凶猛的大型猫科食肉动物，豹、虎、狮的共同祖先布氏豹也生存在青藏高原，后来扩散到亚洲、非洲、美洲。

那时在食肉目占统治地位的是剑齿虎类和鬣狗类。剑齿虎类有巨颏虎和刃齿虎，巨颏虎和后来著名的刃齿虎相比，体形要小不少（只有1米多长），但已经长有剑齿虎类标志性的发达犬齿；鬣狗类出现了巨鬣狗，体长可达2.5米，体形笨重，可能和现代鬣狗一样是抢夺别人食物的“强盗”或吃腐肉的“清道夫”，有时也会主动捕食其他食草动物。

从更新世起全球进入冰河时期，气温下降，海平面降低，两极冰川范围扩大。此时北方许多哺乳动物都身披长毛以保暖，如猛犸象、披毛犀等。猛犸象是最著名的冰河期动物之一，广布于北美洲和欧亚大陆的更新世地层，在我国黑龙江大庆、河北阳原、内蒙古呼伦贝尔等地都有化石发现，最大者身高超过4米，体重估计超过10吨，象牙长而弯曲，可用于扫雪。冰河时期大角鹿也是很常见的动物，在我国河北、山西、内蒙古都有化石发现，鹿角巨大，两只鹿角顶端之间的间距可达3米。

在更新世时，食肉目动物种类也非常多，现代的狼、虎、熊均已出现，而剑齿虎类依然是在食物链的顶端，包括恐剑齿虎、锯齿虎等。它们腿较短，奔跑能力较现代狮虎弱，但肌肉力量强大，可以用四肢控制庞大的食草动物并用剑齿割破猎物的喉咙。鬣狗依然非常兴盛，在周口店甚至发现了它们以北京猿人为食的证据。

更新世是大型哺乳动物最后的繁盛的时光，随着冰河期结束，气候转暖，以及人类不断进步的捕猎方式，很多大型哺乳动物比如猛犸象、剑齿象、披毛犀、大角鹿、剑齿虎等先后走上了灭绝的道路。

我们今天看到的哺乳动物，很多类群的数量依然在迅速减少中，为了保护可爱的动物以及整个地球生态，我们需要做的还有很多。